■ 建筑工程常用公式与数据速查手册系列丛书 ────

钢结构常用公式与数据速查手册

GANG JIEGOU CHANGYONG GONGSHI YU
SHUJU SUCHA SHOUCE

李守巨　主编

知识产权出版社

全国百佳图书出版单位

本书编写组

主　编　李守巨

参　编　于　涛　王丽娟　成育芳　刘艳君

　　　　孙丽娜　何　影　李春娜　张立国

　　　　张　军　赵　慧　陶红梅　夏　欣

前　　言

　　钢结构具有自重轻、抗震性能好、灾后易修复、基础造价低、材料可回收和再生、节能、省地、节水等优点，符合建筑资源可持续发展的要求，是社会经济发展和科技进步在建筑业的体现。随着国民经济的发展和科学技术的进步，我国综合国力大为增强，钢材产量和质量大幅度提高，钢结构工程的发展前景大好。然而，钢结构质量难以保证，其原因复杂，既有工艺不当的问题，也有不合理设计的问题。钢结构设计人员，除了要有优良的设计理念，还应该有丰富的设计、技术、安全等工作经验，掌握大量钢结构常用的计算公式及数据，但由于资料庞杂，搜集和查询工作具有相当的难度。

　　基于以上原因，广大钢结构设计人员迫切需要一本系统、全面、有效地囊括钢结构常用计算公式与数据的工具书作为参考。因此，我们组织相关人员，依据国家最新颁布的《钢结构设计规范》（GB 50017—2003）、《建筑抗震设计规范》（GB 50011—2010）等标准规范编写了本书。

　　本书共分为八章，包括：钢结构设计规定、受弯构件计算、轴心受力构件计算、拉弯、压弯构件的计算、钢结构疲劳计算、构件的连接计算、轻型钢结构设计计算、多层和高层钢结构房屋抗震设计等。本书对规范公式重新编排，主要包括参数的含义，上下限表识，公式相关性等。重新编排后计算公式的相关内容一目了然，方便设计、施工人员查阅，亦可用于相关专业师生教学参考。

　　本书编写过程参阅了大量文献资料，并得到有关领导和专家的指导，在此一并致谢。限于编者的学识和经验，书中疏漏未尽之处难免，恳请广大读者和专家批评指正。

编　者

2014.05

目　　录

1

钢结构设计规定

1.1 公式速查

1.1.1 起重机摆动引起的横向水平力标准值的计算

计算重级工作制起重机梁（或起重机桁架）及其制动结构的强度、稳定性以及连接（起重机梁或起重机桁架、制动结构、柱相互间的连接）的强度时，应考虑由起重机摆动引起的横向水平力（此水平力不与荷载规范规定的横向水平荷载同时考虑），作用于每个轮压处的此水平力标准值 H_k 可由下式进行计算：

$$H_k = \alpha P_{k,max}$$

式中　　$P_{k,max}$——起重机最大轮压标准值；

α——系数，对一般软钩起重机 α 取 0.1，抓斗或磁盘起重机宜采用 α 取 0.15，硬钩起重机宜采用 α 取 0.2。

1.1.2 框架结构每层柱顶附加的假想水平力的计算

对 $\dfrac{\sum N \times \Delta\mu}{\sum H \times h} > 0.1$ 的框架结构宜采用二阶弹性分析，此时应在每层柱顶附加考虑由下式计算的假想水平力 H_{ni}。

$$H_{ni} = \frac{\alpha_y Q_i}{250}\sqrt{0.2 + \frac{1}{n_s}}$$

式中　　Q_i——第 i 楼层的总重力荷载设计值；

n_s——框架总层数，当 $\sqrt{0.2 + 1/n_s} > 1$ 时，取此根号值为 1.0；

α_y——钢材强度影响系数，对于 Q235 钢为 1.0；Q345 钢为 1.1；Q390 钢为 1.2；Q420 为 1.25。

1.1.3 无支撑的纯框架结构各杆件杆端弯矩的计算

对无支撑的纯框架结构，采用二阶弹性分析时，各杆件杆端的弯矩 M_{II} 可用下列近似公式进行计算：

$$M_{\mathrm{II}} = M_{\mathrm{Ib}} + \alpha_{2i}M_{\mathrm{Is}}$$

$$\alpha_{2i} = \frac{1}{1 - \dfrac{\sum N\Delta u}{\sum Hh}}$$

式中　　M_{Ib}——假定框架无侧移时按一阶弹性分析求得的各杆件端弯矩；

M_{Is}——框架各节点侧移时按一阶弹性分析求得的杆件端弯矩；

α_{2i}——考虑二阶效应第 i 层杆件的侧移弯矩增大系数；

$\sum N$——所计算楼层各柱轴心压力设计值之和；

$\sum H$——产生层间侧移 Δu 的所计算楼层及以上各层的水平力之和；

Δu——按一阶弹性分析求得的所计算楼层的层间侧移，当确定是否采用二阶弹性分析时，Δu 可近似采用层间相对位移的容许值 $[\Delta u]$；

h——所计算楼层的高度。

1.2 数据速查

1.2.1 钢材的强度设计值

表 1-1　　　　　　　　　　　钢 材 的 强 度 设 计 值

钢　　　材		抗拉、抗压或抗弯 f /MPa	抗剪 f_v /MPa	端面承压（刨平顶紧）f_{ce} /MPa
牌号	厚度或直径/mm			
Q235 钢	≤16	215	125	325
	16～40	205	120	
	40～60	200	115	
	60～100	190	110	
Q345 钢	≤16	310	180	400
	16～35	295	170	
	35～50	265	155	
	50～100	250	145	
Q390 钢	≤16	350	205	415
	16～35	335	190	
	35～50	315	180	
	50～100	295	170	
Q420 钢	≤16	380	220	440
	16～35	360	210	
	35～50	340	195	
	50～100	325	185	

注　表中厚度系指计算点的钢材厚度，对轴心受拉和轴心受压构件系指截面较厚板件的厚度。

1.2.2 钢铸件的强度设计值

表 1-2　　　　　　　　　　钢铸件的强度设计值　　　　　　　（单位：MPa）

钢号	抗拉、抗压和抗弯 f	抗剪 f_v	端面承压（刨平顶紧）f_{ce}
ZG200～400	155	90	260
ZG230～450	180	105	290
ZG270～500	210	120	325
ZG310～570	240	140	370

1.2.3 焊缝的强度设计值

表 1 - 3　　　　　　　　　　　　　　　焊缝的强度设计值

焊接方法和焊条型号	构件钢材		对 接 焊 缝				角焊缝
	牌号	厚度或直径 /mm	抗压 f_c^w /MPa	焊缝质量为下列等级时，抗拉 f_t^w /MPa		抗剪 f_v^w /MPa	抗拉、抗压 和抗剪 f_f^w /MPa
				一级、二级	三级		
自动焊、半自动焊和 E43 型焊条的手工焊	Q235 钢	≤16	215	215	185	125	160
		16～40	205	205	175	120	
		40～60	200	200	170	115	
		60～100	190	190	160	110	
自动焊、半自动焊和 E50 型焊条的手工焊	Q345 钢	≤16	310	310	265	180	200
		16～35	295	295	250	170	
		35～50	265	265	225	155	
		50～100	250	250	210	145	
自动焊、半自动焊和 E55 型焊条的手工焊	Q390 钢	≤16	350	350	300	205	220
		16～35	335	335	285	190	
		35～50	315	315	270	180	
		50～100	295	295	250	170	
	Q420 钢	≤16	380	380	320	220	220
		16～35	360	360	305	210	
		35～50	340	340	290	195	
		50～100	325	325	275	185	

注　1. 自动焊和半自动焊所采用的焊丝和焊剂，应保证其熔敷金属的力学性能不低于现行国家标准《埋弧焊用碳钢焊丝和焊剂》（GB/T 5293—1999）和《埋弧焊用低合金钢焊丝和焊剂》（GB/T 12470—2003）中相关的规定所要求的标准。

2. 焊缝质量等级应符合现行国家标准《钢结构工程施工质量验收规范》（GB 50205—2001）的规定，其中厚度小于 8mm 钢材的对接焊缝，不应采用超声波探伤确定焊缝质量等级。

3. 对接焊缝在受压区的抗弯强度设计值为 f_c^w，在受拉区的抗弯强度设计值为 f_t^w。

4. 表中厚度系指计算点的钢材厚度，对轴心受拉和轴心受压构件系指截面中较厚板件的厚度。

1.2.4　螺栓连接的强度设计值

表 1 - 4　　　　　　　　　　螺栓连接的强度设计值　　　　　　　　（单位：MPa）

螺栓的性能等级、锚栓和构件钢材的牌号		普通螺栓						锚栓	承压型连接高强度螺栓		
		C 级螺栓			A 级、B 级螺栓						
		抗拉 f_t^b	抗剪 f_v^b	承压 f_c^b	抗拉 f_t^b	抗剪 f_v^b	承压 f_c^b	抗拉 f_t^b	抗拉 f_t^b	抗剪 f_v^b	承压 f_c^b
普通螺栓	4.6 级、4.8 级	170	140	—	—	—	—	—	—	—	—
	5.6 级	—	—	—	210	190	—	—	—	—	—
	8.8 级	—	—	—	400	320	—	—	—	—	—
锚栓	Q235 钢	—	—	—	—	—	—	140	—	—	—
	Q345 钢	—	—	—	—	—	—	180	—	—	—
承压型连接高强度螺栓	8.8 级	—	—	—	—	—	—	—	400	250	—
	10.9 级	—	—	—	—	—	—	—	500	310	—
构件	Q235 钢	—	—	305	—	—	405	—	—	—	470
	Q345 钢	—	—	385	—	—	510	—	—	—	590
	Q390 钢	—	—	400	—	—	530	—	—	—	615
	Q420 钢	—	—	425	—	—	560	—	—	—	655

注　1. A 级螺栓用于 $d \leqslant 24mm$ 和 $l \leqslant 10d$ 或 $l \leqslant 150mm$（按较小值）的螺栓；B 级螺栓用于 $d > 24mm$ 或 $l > 10d$ 或 $l > 150mm$（按较小值）的螺栓。d 为公称直径，l 为螺杆公称长度。

　　2. A、B 级螺栓孔的精度和孔壁表面粗糙度，C 级螺栓孔的允许偏差和孔壁表面粗糙度，均应符合现行国家标准《钢结构工程施工质量验收规范》（GB 50205—2001）的要求。

1.2.5　铆钉连接的强度设计值

表 1 - 5　　　　　　　　　　铆钉连接的强度设计值　　　　　　　　（单位：MPa）

铆钉钢号和构件钢材牌号		抗拉（钉头拉脱）f_t^r	抗剪 f_v^r		承压 f_c^r	
			Ⅰ 类孔	Ⅱ 类孔	Ⅰ 类孔	Ⅱ 类孔
铆钉	BL2 或 BL3	120	185	155	—	—
构件	Q235 钢	—	—	—	450	365
	Q345 钢	—	—	—	565	460
	Q390 钢	—	—	—	590	480

注　1. 属于下列情况者为Ⅰ类孔：

　　　①在装配好的构件上按设计孔径钻成的孔；

　　　②在单个零件和构件上按设计孔径分别用钻模钻成的孔；

　　　③在单个零件上先钻成或冲成较小的孔径，然后在装配好的构件上再扩钻至设计孔径的孔。

　　2. 在单个零件上一次冲成或不用钻模成设计孔径的孔属于Ⅱ类孔。

1.2.6 钢材和钢铸件的物理性能指标

表 1-6　　　　　　　　　钢材和钢铸件的物理性能指标

弹性模量 $E/(MPa)$	剪变模量 $G/(MPa)$	线膨胀系数 α（以每℃计）	质量密度 $\rho/(kg/m^3)$
206×10^3	79×10^3	12×10^{-6}	7850

1.2.7 吊车梁、楼盖梁、屋盖梁、工作平台梁以及墙架构件的挠度容许值

表 1-7　　　　　　　　　　　　受弯构件挠度容许值

项次	构件类别	挠度容许值	
		$[v_T]$	$[v_Q]$
1	吊车梁和吊车桁架（按自重和起重量最大的一台吊车计算挠度） （1）手动吊车和单梁吊车（含悬挂吊车） （2）轻级工作制桥式吊车 （3）中级工作制桥式吊车 （4）重级工作制桥式吊车	$l/500$ $l/800$ $l/1000$ $l/1200$	—
2	手动或电动葫芦的轨道梁	$l/400$	
3	有重轨（重量等于或大于 38kg/m）轨道的工作平台梁 有轻轨（重量等于或大于 24kg/m）轨道的工作平台梁	$l/600$ $l/400$	—
4	楼（屋）盖梁或桁架、工作平台梁（第 3 项除外）和平台板 （1）主梁或桁架（包括没有悬挂起重设备的梁和桁架） （2）抹灰顶棚的次梁 （3）除（1）、（2）款外的其他梁（包括楼梯梁） （4）屋盖檩条 　支承无积灰的瓦楞铁和石棉瓦屋面者 　支承压型金属板、有积灰的瓦楞铁和石棉瓦等屋面者 　支承其他屋面材料者 （5）平台板	$l/400$ $l/250$ $l/250$ $l/150$ $l/200$ $l/200$ $l/150$	$l/500$ $l/350$ $l/300$ — — — —
5	墙架构件（风荷载不考虑阵风系数） （1）支柱 （2）抗风桁架（作为连续支柱的支承时） （3）砌体墙的横梁（水平方向） （4）支承压型金属板、瓦楞铁和石棉瓦墙面的横梁（水平方向） （5）带有玻璃窗的横梁（竖直和水平方向）	— — — — $l/200$	$l/400$ $l/1000$ $l/300$ $l/200$ $l/200$

注　1. l 为受弯构件的跨度（对悬臂梁和伸臂梁为悬伸长度的 2 倍）。
　　2. $[v_T]$ 为永久和可变荷载标准值产生的挠度（如有起拱应减去拱度）的容许值；$[v_Q]$ 为可变荷载标准值产生的挠度的容许值。

1.2.8 柱水平位移（计算值）的容许值

表 1 - 8 柱水平位移（计算值）的容许值

项次	位移的种类	按平面结构图形计算	按空间结构图形计算
1	厂房柱的横向位移	$H_c/1250$	$H_c/2000$
2	露天栈桥柱的横向位移	$H_c/2500$	—
3	厂房和露天栈桥柱的纵向位移	$H_c/4000$	—

注 1. H_c 为基础顶面至吊车梁或吊车桁架顶面的高度。

2. 计算厂房或露天栈桥柱的纵向位移时，可假定吊车的纵向水平制动力分配在温度区段内所有柱间支撑或纵向框架上。

3. 在设有 A8 级吊车的厂房中，厂房柱的水平位移容许值宜减小 10%。

4. 在设有 A6 级吊车的厂房柱的纵向位移宜符合表中的要求。

2

受弯构件计算

2.1 公式速查

2.1.1 在主平面内受弯的实腹构件抗弯强度计算

在主平面内受弯的实腹构件［考虑腹板屈曲后强度者参见《钢结构设计规范》（GB 50017—2003）第 4.4.1 条］，其抗弯强度应按下列规定计算：

$$\frac{M_x}{\gamma_x W_{nx}} + \frac{M_y}{\gamma_y W_{ny}} \leqslant f$$

式中　M_x、M_y——同一截面处绕 x 轴和 y 轴的弯矩（对工字形截面：x 轴为强轴，y 轴为弱轴）；

W_{nx}、W_{ny}——对 x 轴和 y 轴的净截面模量；

γ_x、γ_y——截面塑性发展系数，对工字形截面，$\gamma_x = 1.05$，$\gamma_y = 1.20$；对箱形截面，$\gamma_x = \gamma_y = 1.05$；对其他截面，可按表 4-1 采用；

f——钢材的抗弯强度设计值。

2.1.2 在主平面内受弯的实腹构件抗剪强度计算

在主平面内受弯的实腹构件［考虑腹板屈曲后强度者参见《钢结构设计规范》（GB 50017—2003）第 4.4.1 条］，其抗剪强度应按下列规定计算：

$$\tau = \frac{VS}{I t_w} \leqslant f_v$$

式中　V——计算截面沿腹板平面作用的剪力；

S——计算剪应力处以上毛截面对中和轴的面积矩；

I——毛截面惯性矩；

t_w——腹板厚度；

f_v——钢材的抗剪强度设计值。

2.1.3 腹板计算高度上边缘的局部承压强度计算

当梁上翼缘受有沿腹板平面作用的集中荷载且该荷载处又未设置支承加劲肋时，腹板计算高度上边缘的局部承压强度应按下式计算：

$$\sigma_c = \frac{\psi F}{t_w l_z} \leqslant f$$

$$l_z = a + 2h_y + 2h_R$$

式中　F——集中荷载，对动力荷载应考虑动力系数；

ψ——集中荷载增大系数，对重级工作制起重机梁，$\psi = 1.35$；对其他梁，$\psi = 1.0$。

t_w——腹板厚度；

l_z——集中荷载在腹板计算高度上边缘的假定分布长度；

a——集中荷载沿梁跨度方向的支承长度，对钢轨上的轮压可取 50mm；

h_y——自梁顶面至腹板计算高度上边缘的距离；

h_R——轨道的高度，对梁顶无轨道的梁 $h_R=0$；

f——钢材的抗压强度设计值。

2.1.4 腹板折算应力的计算

在梁的腹板计算高度边缘处，若同时受有较大的正应力、剪应力和局部压应力，或同时受有较大的正应力和剪应力（如连续梁中部支座处或梁的翼缘截面改变处等）时，其折算应力应按下式计算：

$$\sqrt{\sigma^2+\sigma_c^2-\sigma\sigma_c+3\tau^2}\leqslant\beta_1 f$$

$$\sigma=\frac{M}{I_n}y_1$$

$$\tau=\frac{VS}{It_w}\leqslant f_v$$

$$\sigma_c=\frac{\psi F}{t_w l_z}\leqslant f$$

$$l_z=a+2h_y+2h_R$$

式中 σ、τ、σ_c——分别为腹板计算高度边缘同一点上同时产生的正应力、剪应力和局部压应力；

M——弯矩；

I_n——梁净截面惯性矩；

y_1——所计算点至梁中和轴的距离；

β_1——计算折算应力的强度设计值增大系数，σ 与 σ_c 异号时，取 $\beta_1=1.2$；σ 与 σ_c 同号或 $\sigma_c=0$ 时，$\beta_1=1.1$；

V——计算截面沿腹板平面作用的剪力；

S——计算剪应力处以上毛截面对中和轴的面积矩；

I——毛截面惯性矩；

t_w——腹板厚度；

f_v——钢材的抗剪强度设计值；

F——集中荷载，对动力荷载应考虑动力系数；

ψ——集中荷载增大系数，对重级工作制起重机梁，$\psi=1.35$；对其他梁，$\psi=1.0$；

l_z——集中荷载在腹板计算高度上边缘的假定分布长度；

a——集中荷载沿梁跨度方向的支承长度，对钢轨上的轮压可取 50mm；

h_y——自梁顶面至腹板计算高度上边缘的距离；

h_R——轨道的高度，对梁顶无轨道的梁 $h_R=0$；

f——钢材的抗压强度设计值。

2.1.5 在最大刚度主平面内受弯构件的整体稳定性的计算

在最大刚度主平面内受弯的构件，其整体稳定性应按下式计算：

$$\frac{M_x}{\varphi_b W_x} \leqslant f$$

式中　M_x——绕强轴作用的最大弯矩；

　　　W_x——按受压纤维确定的梁毛截面模量；

　　　f——钢材的抗压强度设计值；

　　　φ_b——梁的整体稳定性系数，

　　　　　　　{ ●等截面焊接工字形和轧制 H 型钢简支梁
　　　　　　　　▲轧制普通工字钢简支梁
　　　　　　　　■轧制槽钢简支梁
　　　　　　　　◆双轴对称工字形等截面（含 H 型钢）悬臂梁
　　　　　　　　★受弯构件整体稳定系数的近似计算

●　等截面焊接工字形和轧制 H 型钢（如图 2-1 所示）简支梁的整体稳定系数 φ_b 应按下式计算：

$$\varphi_b = \beta_b \frac{4320}{\lambda_y^2} \cdot \frac{Ah}{W_x}\left[\sqrt{1+\left(\frac{\lambda_y t_1}{4.4h}\right)^2} + \eta_b\right]\frac{235}{f_y}$$

式中　β_b——梁整体稳定的等效临界弯矩系数，按表 2-2 采用；

　　　λ_y——梁在侧向支承点间对截面弱轴 y-y 的长细比，$\lambda_y = l_1/i_y$，l_1 见《钢结构设计规范》（GB 50017—2003）第 4.2.1 条，i_y 为梁毛截面对 y 轴的截面回转半径；

　　　W_x——按受压纤维确定的梁毛截面模量；

　　　A——梁的毛截面面积；

　h、t_1——梁截面的全高和受压翼缘厚度；

　　　η_b——截面不对称影响系数，对双轴对称截面（如图 2-1（a）、（d）所示），$\eta_b=0$；对单轴对称工字形截面（如图 2-1（b）、（c）所示），加强受压翼缘的 $\eta_b=0.8(2\alpha_b-1)$，加强受拉翼缘的 $\eta_b=2\alpha_b-1$（其中，$\alpha_b = \dfrac{I_1}{I_1+I_2}$，式中 I_1 和 I_2 为受压翼缘和受拉翼缘对 y 轴的惯性矩）；

　　　f_y——钢材的屈服强度（或屈服点）。

按上式算得的 φ_b 值大于 0.6 时，应用下式计算的 φ_b' 代替 φ_b 值：

$$\varphi_b' = 1.07 - \frac{0.282}{\varphi_b} \leqslant 1.0$$

▲　轧制普通工字钢简支梁的整体稳定系数 φ_b 应按表 2-3 采用，当所得的 φ_b 值大于 0.6 时，应用下式计算的 φ_b' 代替 φ_b 值：

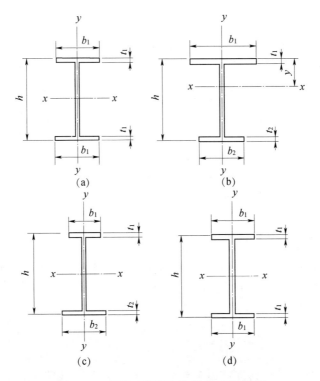

图 2-1　焊接工字形和轧制 H 型钢截面

（a）双轴对称焊接工字形截面；（b）加强受压翼缘的单轴对称焊接工字形截面；

（c）加强受拉翼缘的单轴对称焊接工字形截面；（d）轧制 H 型钢截面

$$\varphi'_b = 1.07 - \frac{0.282}{\varphi_b} \leqslant 1.0$$

■ 轧制槽钢简支梁的整体稳定系数，不论荷载的形式和荷载作用点在截面高度上的位置，均可按下式计算：

$$\varphi_b = \frac{570bt}{l_1 h} \cdot \frac{235}{f_y}$$

式中　h、b、t——槽钢截面的高度、翼缘宽度和平均厚度；

　　　　l_1——对跨中无侧向支承点的梁，为其跨度；对跨中有侧向支承点的梁，l_1 为受压翼缘侧向支承点间的距离（梁的支座处视为有侧向支承）；

　　　　f_y——钢材的屈服强度（或屈服点）。

按上式算得的 φ_b 值大于 0.6 时，应用下式计算的 φ'_b 代替 φ_b 值：

$$\varphi'_b = 1.07 - \frac{0.282}{\varphi_b} \leqslant 1.0$$

◆ 双轴对称工字形等截面（含 H 型钢）悬臂梁的整体稳定系数，可按下式计算：

$$\varphi_b = \beta_b \frac{4320}{\lambda_y^2} \cdot \frac{Ah}{W_x} \left[\sqrt{1 + \left(\frac{\lambda_y t_1}{4.4h} \right)^2} + \eta_b \right] \frac{235}{f_y}$$

式中　β_b——梁整体稳定的等效临界弯矩系数，按表 2 - 4 采用；

λ_y——梁在侧向支承点间对截面弱轴 y-y 的长细比，$\lambda_y = l_1/i_y$，l_1 为悬臂梁的悬伸长度，i_y 为梁毛截面对 y 轴的截面回转半径；

W_x——按受压纤维确定的梁毛截面模量；

A——梁的毛截面面积；

h、t_1——梁截面的全高和受压翼缘厚度；

η_b——截面不对称影响系数，对双轴对称截面（如图 2 - 1a、d 所示），$\eta_b = 0$；对单轴对称工字形截面（如图 2 - 1b、c 所示），加强受压翼缘的 $\eta_b = 0.8 (2\alpha_b - 1)$；加强受拉翼缘的 $\eta_b = 2\alpha_b - 1$；

$\alpha_b = \dfrac{I_1}{I_1 + I_2}$，式中 I_1 和 I_2 为受压翼缘和受拉翼缘对 y 轴的惯性矩；

f_y——钢材的屈服强度（或屈服点）。

当求得的 φ_b 值大于 0.6 时，应按下式算得相应的 φ_b' 值代替 φ_b 值：

$$\varphi_b' = 1.07 - \frac{0.282}{\varphi_b} \leqslant 1.0$$

★　均匀弯曲的受弯构件，当 $\lambda_y \leqslant 120 \sqrt{235/f_y}$ 时，其整体稳定系数 φ_b 可按下列近似公式计算：

1）工字形截面（含 H 型钢）

双轴对称时：

$$\varphi_b = 1.07 - \frac{\lambda_y^2}{44000} \cdot \frac{f_y}{235}$$

式中　λ_y——梁在侧向支承点间对截面弱轴 y-y 的长细比，$\lambda_y = l_1/i_y$，l_1 见《钢结构设计规范》（GB 50017—2003）第 4.2.1 条，i_y 为梁毛截面对 y 轴的截面回转半径；

f_y——钢材的屈服强度（或屈服点）。

单轴对称时：

$$\varphi_b = 1.07 - \frac{W_x}{(2\alpha_b + 0.1)Ah} \cdot \frac{\lambda_y^2}{14000} \cdot \frac{f_y}{235}$$

式中　λ_y——梁在侧向支承点间对截面弱轴 y-y 的长细比，$\lambda_y = l_1/i_y$，l_1 见《钢结构设计规范》（GB 50017—2003）第 4.2.1 条，i_y 为梁毛截面对 y 轴的截面回转半径；

W_x——按受压纤维确定的梁毛截面模量；

$$\alpha_b = \frac{I_1}{I_1 + I_2}$$

A——梁的毛截面面积；

h——梁截面的全高；

f_y——钢材的屈服强度（或屈服点）。

2）T形截面（弯矩作用在对称轴平面，绕 x 轴）

①弯矩使翼缘受压时

双角钢T形截面：

$$\varphi_b = 1 - 0.0017\lambda_y\sqrt{\frac{f_y}{235}}$$

式中　λ_y——梁在侧向支承点间对截面弱轴 $y-y$ 的长细比，$\lambda_y = l_1/i_y$，l_1 见《钢结构设计规范》（GB 50017—2003）第 4.2.1 条，i_y 为梁毛截面对 y 轴的截面回转半径；

　　f_y——钢材的屈服强度（或屈服点）。

剖分T形钢和两板组合T形截面：

$$\varphi_b = 1 - 0.0022\lambda_y\sqrt{\frac{f_y}{235}}$$

式中　λ_y——梁在侧向支承点间对截面弱轴 $y-y$ 的长细比，$\lambda_y = l_1/i_y$，l_1 见《钢结构设计规范》（GB 50017—2003）第 4.2.1 条，i_y 为梁毛截面对 y 轴的截面回转半径；

　　f_y——钢材的屈服强度（或屈服点）。

②弯矩使翼缘受拉且腹板宽厚比不大于 $18\sqrt{235/f_y}$ 时

$$\varphi_b = 1 - 0.0005\lambda_y\sqrt{\frac{f_y}{235}}$$

式中　λ_y——梁在侧向支承点间对截面弱轴 $y-y$ 的长细比，$\lambda_y = l_1/i_y$，l_1 见《钢结构设计规范》（GB 50017—2003）第 4.2.1 条，i_y 为梁毛截面对 y 轴的截面回转半径；

　　f_y——钢材的屈服强度（或屈服点）。

2.1.6　在两个主平面受弯的 H 型钢截面或工字形截面构件的整体稳定性的计算

在两个主平面受弯的 H 型钢截面或工字形截面构件，其整体稳定性应按下式计算：

$$\frac{M_x}{\varphi_b W_x} + \frac{M_y}{\gamma_y W_y} \leqslant f$$

式中　M_x、M_y——同一截面处绕 x 轴和 y 轴的弯矩（对工字形截面：x 轴为强轴，y 轴为弱轴）；

　　W_x、W_y——按受压纤维确定的对 x 轴和对 y 轴毛截面模量；

　　γ_y——截面塑性发展系数，对工字形截面，$\gamma_y = 1.20$；对箱形截面，γ_y

＝1.05；对其他截面，可按表 4－1 采用；

f——钢材的抗压强度设计值；

φ_b——绕强轴弯曲所确定的梁整体稳定系数，

> ●等截面焊接工字形和轧制 H 型钢简支梁
> ▲轧制普通工字钢简支梁
> ■轧制槽钢简支梁
> ◆双轴对称工字形等截面（含 H 型钢）悬臂梁
> ★受弯构件整体稳定系数的近似计算

●　等截面焊接工字形和轧制 H 型钢（如图 2－1 所示）简支梁的整体稳定系数 φ_b 应按下式计算：

$$\varphi_b = \beta_b \frac{4320}{\lambda_y^2} \cdot \frac{Ah}{W_x} \left[\sqrt{1 + \left(\frac{\lambda_y t_1}{4.4h} \right)^2} + \eta_b \right] \frac{235}{f_y}$$

式中　β_b——梁整体稳定的等效临界弯矩系数，按表 2－2 采用；

λ_y——梁在侧向支承点间对截面弱轴 $y-y$ 的长细比，$\lambda_y = l_1 / i_y$，l_1 见《钢结构设计规范》（GB 50017—2003）第 4.2.1 条，i_y 为梁毛截面对 y 轴的截面回转半径；

W_x——按受压纤维确定的梁毛截面模量；

A——梁的毛截面面积；

h、t_1——梁截面的全高和受压翼缘厚度；

η_b——截面不对称影响系数，对双轴对称截面（如图 2－1a、d 所示），$\eta_b = 0$；对单轴对称工字形截面（如图 2－1b、c 所示），加强受压翼缘 $\eta_b = 0.8$ $(2\alpha_b - 1)$；加强受拉翼缘 $\eta_b = 2\alpha_b - 1$（其中，$\alpha_b = \dfrac{I_1}{I_1 + I_2}$，式中 I_1 和 I_2 为受压翼缘和受拉翼缘对 y 轴的惯性矩）；

f_y——钢材的屈服强度（或屈服点）。

当按上式算得的 φ_b 值大于 0.6 时，应用下式计算的 φ_b' 代替 φ_b 值：

$$\varphi_b' = 1.07 - \frac{0.282}{\varphi_b} \leqslant 1.0$$

▲　轧制普通工字钢简支梁的整体稳定系数 φ_b 应按表 2－3 采用，当所得的 φ_b 值大于 0.6 时，应用下式计算的 φ_b' 代替 φ_b 值：

$$\varphi_b' = 1.07 - \frac{0.282}{\varphi_b} \leqslant 1.0$$

■　轧制槽钢简支梁的整体稳定系数，不论荷载的形式和荷载作用点在截面高度上的位置，均可按下式计算：

$$\varphi_b = \frac{570bt}{l_1 h} \cdot \frac{235}{f_y}$$

式中 h、b、t——槽钢截面的高度、翼缘宽度和平均厚度；

　　　l_1——对跨中无侧向支承点的梁，为其跨度；对跨中有侧向支承点的梁，l_1 为受压翼缘侧向支承点间的距离（梁的支座处视为有侧向支承）；

　　　f_y——钢材的屈服强度（或屈服点）。

按上式算得的 φ_b 值大于 0.6 时，应用下式计算的 φ'_b 代替 φ_b 值：

$$\varphi'_b = 1.07 - \frac{0.282}{\varphi_b} \leqslant 1.0$$

◆ 双轴对称工字形等截面（含 H 型钢）悬臂梁的整体稳定系数，可按下式计算：

$$\varphi_b = \beta_b \frac{4320}{\lambda_y^2} \cdot \frac{Ah}{W_x} \left[\sqrt{1 + \left(\frac{\lambda_y t_1}{4.4h} \right)^2} + \eta_b \right] \frac{235}{f_y}$$

式中 β_b——梁整体稳定的等效临界弯矩系数，按表 2-4 采用；

　　　λ_y——梁在侧向支承点间对截面弱轴 y-y 的长细比，$\lambda_y = l_1 / i_y$，l_1 为悬臂梁的悬伸长度，i_y 为梁毛截面对 y 轴的截面回转半径；

　　　W_x——按受压纤维确定的梁毛截面模量；

　　　A——梁的毛截面面积；

　　h、t_1——梁截面的全高和受压翼缘厚度；

　　　η_b——截面不对称影响系数，对双轴对称截面（如图 2-1a、d 所示），$\eta_b = 0$；对单轴对称工字形截面（如图 2-1b、c 所示），加强受压翼缘 $\eta_b = 0.8(2\alpha_b - 1)$；加强受拉翼缘 $\eta_b = 2\alpha_b - 1$（其中，$\alpha_b = \dfrac{I_1}{I_1 + I_2}$，式中 I_1 和 I_2 为受压翼缘和受拉翼缘对 y 轴的惯性矩）；

　　　f_y——钢材的屈服强度（或屈服点）。

当求得的 φ_b 值大于 0.6 时，应按下式算得相应的 φ'_b 值代替 φ_b 值：

$$\varphi'_b = 1.07 - \frac{0.282}{\varphi_b} \leqslant 1.0$$

★ 均匀弯曲的受弯构件，当 $\lambda_y \leqslant 120 \sqrt{\dfrac{235}{f_y}}$ 时，其整体稳定系数 φ_b 可按下列近似公式计算：

1）工字形截面（含 H 型钢）

双轴对称时：

$$\varphi_b = 1.07 - \frac{\lambda_y^2}{44000} \cdot \frac{f_y}{235}$$

式中 λ_y——梁在侧向支承点间对截面弱轴 y-y 的长细比，$\lambda_y = l_1 / i_y$，l_1 见《钢结构设计规范》（GB 50017—2003）第 4.2.1 条，i_y 为梁毛截面对 y 轴的

截面回转半径；

f_y——钢材的屈服强度（或屈服点）。

单轴对称时：

$$\varphi_b = 1.07 - \frac{W_x}{(2\alpha_b + 0.1)Ah} \cdot \frac{\lambda_y^2}{14000} \cdot \frac{f_y}{235}$$

式中　λ_y——梁在侧向支承点间对截面弱轴 y-y 的长细比，$\lambda_y = l_1/i_y$，l_1 见《钢结构设计规范》（GB 50017—2003）第 4.2.1 条，i_y 为梁毛截面对 y 轴的截面回转半径；

W_x——按受压纤维确定的梁毛截面模量；

$$\alpha_b = \frac{I_1}{I_1 + I_2}$$

A——梁的毛截面面积；

h——梁截面的全高；

f_y——钢材的屈服强度（或屈服点）。

2）T 形截面（弯矩作用在对称轴平面，绕 x 轴）

①弯矩使翼缘受压时：

双角钢 T 形截面：

$$\varphi_b = 1 - 0.0017\lambda_y \sqrt{f_y/235}$$

式中　λ_y——梁在侧向支承点间对截面弱轴 y-y 的长细比，$\lambda_y = l_1/i_y$，l_1 见《钢结构设计规范》（GB 50017—2003）第 4.2.1 条，i_y 为梁毛截面对 y 轴的截面回转半径；

f_y——钢材的屈服强度（或屈服点）。

剖分 T 形钢和两板组合 T 形截面：

$$\varphi_b = 1 - 0.0022\lambda_y \sqrt{\frac{f_y}{235}}$$

式中　λ_y——梁在侧向支承点间对截面弱轴 y-y 的长细比，$\lambda_y = l_1/i_y$，l_1 见《钢结构设计规范》（GB 50017—2003）第 4.2.1 条，i_y 为梁毛截面对 y 轴的截面回转半径；

f_y——钢材的屈服强度（或屈服点）。

②弯矩使翼缘受拉且腹板宽厚比不大于 $18\sqrt{235/f_y}$ 时：

$$\varphi_b = 1 - 0.0005\lambda_y \sqrt{\frac{f_y}{235}}$$

式中　λ_y——梁在侧向支承点间对截面弱轴 y-y 的长细比，$\lambda_y = l_1/i_y$，l_1 见《钢结构设计规范》（GB 50017—2003）第 4.2.1 条，i_y 为梁毛截面对 y 轴的截面回转半径；

f_y——钢材的屈服强度（或屈服点）。

2.1.7 仅配置横向加劲肋的腹板局部稳定计算

仅配置横向加劲肋的腹板（如图 2-2a 所示），其各区格的局部稳定应按下式计算：

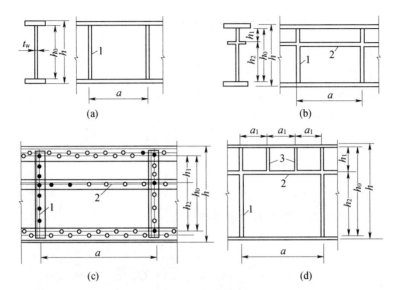

(a)　　　　　　　　　　(b)

(c)　　　　　　　　　　(d)

图 2-2　加劲肋布置

1—横向加劲肋；2—纵向加劲肋；3—短加劲肋

$$\left(\frac{\sigma}{\sigma_{cr}}\right)^2 + \left(\frac{\tau}{\tau_{cr}}\right)^2 + \frac{\sigma_c}{\sigma_{c,cr}} \leqslant 1$$

$$\tau = \frac{V}{h_w t_w}$$

式中　σ——计算腹板区格内，由平均弯矩产生的腹板计算高度边缘的弯曲压应力；

　　　σ_c——计算稳定性的承压应力，与计算强度的承压应力相同；

　　　τ——所计算腹板区格内，由平均剪力产生的腹板平均剪应力；

　　　V——计算截面沿腹板平面作用的剪力；

　　　h_w——腹板的高度；

　　　t_w——腹板厚度；

　　　σ_{cr}——板件在弯曲应力单独作用下的欧拉临界应力，

　　　　　$\begin{cases} 当 \lambda_b \leqslant 0.85 \ 时， \sigma_{cr} = f \\ 当 0.85 < \lambda_b \leqslant 1.25 \ 时， \sigma_{cr} = [1 - 0.75(\lambda_b - 0.85)]f; \\ 当 \lambda_b > 1.25 \ 时， \sigma_{cr} = 1.1f/\lambda_b^2 \end{cases}$

　　　f——钢材的抗压强度设计值；

　　　λ_b——用于腹板受弯计算时的通用高厚比，

$$\begin{cases} \text{当梁受压翼缘扭转受到约束时：} \lambda_b = \dfrac{\frac{2h_c}{t_w}}{177}\sqrt{\dfrac{f_y}{235}} \\[4mm] \text{当梁受压翼缘扭转未受到约束时：} \lambda_b = \dfrac{\frac{2h_c}{t_w}}{153}\sqrt{\dfrac{f_y}{235}} \end{cases}$$

h_c——腹板弯矩受压区高度；

f_y——钢材的屈服强度（或屈服点）；

τ_{cr}——板件在剪应力单独作用下的欧拉临界应力，

$$\begin{cases} \text{当 } \lambda_s \leqslant 0.8 \text{ 时，} \tau_{cr} = f_v \\[2mm] \text{当 } 0.8 < \lambda_s \leqslant 1.2 \text{ 时，} \tau_{cr} = [1-0.59(\lambda_s-0.8)]f_v; \\[2mm] \text{当 } \lambda_s > 1.2 \text{ 时，} \tau_{cr} = \dfrac{1.1f_v}{\lambda_s^2} \end{cases}$$

f_v——钢材的抗剪强度设计值；

λ_s——用于腹板受剪计算时的通用高厚比，

$$\begin{cases} \text{当 } a/h_0 \leqslant 1.0 \text{ 时，} \lambda_s = \dfrac{\frac{h_0}{t_w}}{41\sqrt{4+5.34\ (h_0/a)^2}}\sqrt{\dfrac{f_y}{235}} \\[6mm] \text{当 } a/h_0 > 1.0 \text{ 时，} \lambda_s = \dfrac{\frac{h_0}{t_w}}{41\sqrt{5.34+4\ (h_0/a)^2}}\sqrt{\dfrac{f_y}{235}} \end{cases}$$

h_0——腹板的计算高度；

a——集中荷载沿梁跨度方向的支承长度，对钢轨上的轮压可取 50mm；

$\sigma_{c,cr}$——板件在局部压应力单独作用下的欧拉临界应力，

$$\begin{cases} \text{当 } \lambda_c \leqslant 0.9 \text{ 时，} \sigma_{c,cr} = f \\[2mm] \text{当 } 0.9 < \lambda_c \leqslant 1.2 \text{ 时，} \sigma_{c,cr} = [1-0.79(\lambda_c-0.9)]f; \\[2mm] \text{当 } \lambda_c > 1.2 \text{ 时，} \sigma_{c,cr} = 1.1f/\lambda_c^2 \end{cases}$$

λ_c——用于腹板受局部压力计算时的通用高厚比，

$$\begin{cases} \text{当 } 0.5 \leqslant a/h_0 \leqslant 1.5 \text{ 时，} \lambda_c = \dfrac{\frac{h_0}{t_w}}{28\sqrt{10.9+13.4\ (1.83-a/h_0)^3}}\sqrt{\dfrac{f_y}{235}} \\[6mm] \text{当 } 1.5 \leqslant a/h_0 \leqslant 2.0 \text{ 时，} \lambda_c = \dfrac{\frac{h_0}{t_w}}{28\sqrt{18.9-5a/h_0}}\sqrt{\dfrac{f_y}{235}} \end{cases}$$

2.1.8 同时用横向加劲肋和纵向加劲肋加强的腹板局部稳定计算

同时用横向加劲肋和纵向加劲肋加强的腹板（如图 2 - 2b、c 所示），其局部稳定性应按下列公式计算。

1）受压翼缘与纵向加劲肋之间的区格：

$$\frac{\sigma}{\sigma_{cr1}}+\left(\frac{\tau}{\tau_{cr1}}\right)^2+\left(\frac{\sigma_c}{\sigma_{c,cr1}}\right)^2\leqslant1.0$$

$$\tau=\frac{V}{h_w t_w}$$

式中　σ——计算腹板区格内，由平均弯矩产生的腹板计算高度边缘的弯曲压应力；

　　σ_c——计算稳定性的承压应力，与计算强度的承压应力相同；

　　τ——所计算腹板区格内，由平均剪力产生的腹板平均剪应力；

　　V——计算截面沿腹板平面作用的剪力；

　　h_w——腹板的高度；

　　t_w——腹板厚度；

　　σ_{cr1}——板件在弯曲应力单独作用下的欧拉临界应力，

$$\begin{cases}当\ \lambda_{b1}\leqslant0.85\ 时，\sigma_{cr1}=f\\当\ 0.85<\lambda_{b1}\leqslant1.25\ 时，\sigma_{cr1}=[1-0.75(\lambda_{b1}-0.85)]f;\\当\ \lambda_{b1}>1.25\ 时，\sigma_{cr1}=\dfrac{1.1f}{\lambda_{b1}^2}\end{cases}$$

　　f——钢材的抗压强度设计值；

　　λ_{b1}——用于腹板受弯计算时的通用高厚比，

$$\begin{cases}当梁受压翼缘扭转受到约束时，\lambda_{b1}=\dfrac{\dfrac{h_1}{t_w}}{75}\sqrt{\dfrac{f_y}{235}}\\当梁受压翼缘扭转未受到约束时，\lambda_{b1}=\dfrac{\dfrac{h_1}{t_w}}{64}\sqrt{\dfrac{f_y}{235}}\end{cases};$$

　　h_1——纵向加劲肋至腹板计算高度受压边缘的距离；

　　f_y——钢材的屈服强度（或屈服点）；

　　τ_{cr1}——板件在剪应力单独作用下的欧拉临界应力，

$$\begin{cases}当\ \lambda_s\leqslant0.8\ 时，\tau_{cr1}=f_v\\当\ 0.8<\lambda_s\leqslant1.2\ 时，\tau_{cr1}=[1-0.59(\lambda_s-0.8)]f_v;\\当\ \lambda_s>1.2\ 时，\tau_{cr1}=\dfrac{1.1f_v}{\lambda_s^2}\end{cases}$$

　　f_v——钢材的抗剪强度设计值；

　　λ_s——用于腹板受剪计算时的通用高厚比，

$$
\begin{cases}
\text{当 } a/h_1 \leqslant 1.0 \text{ 时,} \lambda_s = \dfrac{h_1/t_w}{41\sqrt{4+5.34(h_1/a)^2}}\sqrt{\dfrac{f_y}{235}} \\[3mm]
\text{当 } a/h_1 > 1.0 \text{ 时,} \lambda_s = \dfrac{\dfrac{h_1}{t_w}}{41\sqrt{5.34+4\ (h_1/a)^2}}\sqrt{\dfrac{f_y}{235}};
\end{cases}
$$

a——集中荷载沿梁跨度方向的支承长度,对钢轨上的轮压可取 50mm;

$\sigma_{c,cr1}$——板件在局部压应力单独作用下的欧拉临界应力,

$$
\begin{cases}
\text{当 } \lambda_{c1} \leqslant 0.9 \text{ 时,} \sigma_{c,cr1} = f \\
\text{当 } 0.9 < \lambda_{c1} \leqslant 1.2 \text{ 时,} \sigma_{c,cr1} = [1-0.79(\lambda_{c1}-0.9)]f; \\
\text{当 } \lambda_{c1} > 1.2 \text{ 时,} \sigma_{c,cr1} = 1.1f/\lambda_{c1}^2
\end{cases}
$$

λ_{c1}——用于腹板受局部压力计算时的通用高厚比,

$$
\begin{cases}
\text{当梁受压翼缘扭转受到约束时,} \lambda_{c1} = \dfrac{h_1/t_w}{56}\sqrt{\dfrac{f_y}{235}} \\[3mm]
\text{当梁受压翼缘扭转未受到约束时,} \lambda_{c1} = \dfrac{\dfrac{h_1}{t_w}}{40}\sqrt{\dfrac{f_y}{235}}
\end{cases}
$$

2) 受拉翼缘与纵向加劲肋之间的区格:

$$
\left(\frac{\sigma_2}{\sigma_{cr2}}\right)^2 + \left(\frac{\tau}{\tau_{cr2}}\right)^2 + \frac{\sigma_{c2}}{\sigma_{c,cr2}} \leqslant 1.0
$$

$$
\tau = \frac{V}{h_w t_w}
$$

式中　σ_2——所计算区格内由平均弯矩产生的腹板在纵向加劲肋处的弯曲压应力;

σ_{c2}——腹板在纵向加劲肋处的横向压应力,取 $0.3\sigma_c$;

τ——所计算腹板区格内,由平均剪力产生的腹板平均剪应力;

V——计算截面沿腹板平面作用的剪力;

h_w——腹板的高度;

t_w——腹板厚度;

σ_{cr2}——板件在弯曲应力单独作用下的欧拉临界应力,

$$
\begin{cases}
\text{当 } \lambda_{b2} \leqslant 0.85 \text{ 时,} \sigma_{cr2} = f \\
\text{当 } 0.85 < \lambda_{b2} \leqslant 1.25 \text{ 时,} \sigma_{cr2} = [1-0.75\ (\lambda_{b2}-0.85)]\ f; \\
\text{当 } \lambda_{b2} > 1.25 \text{ 时,} \sigma_{cr2} = 1.1f/\lambda_{b2}^2
\end{cases}
$$

f——钢材的抗压强度设计值;

λ_{b2}——用于腹板受弯计算时的通用高厚比,$\lambda_{b2} = \dfrac{\dfrac{h_2}{t_w}}{194}\sqrt{\dfrac{f_y}{235}}$;

f_y——钢材的屈服强度(或屈服点);

τ_{cr2}——板件在剪应力单独作用下的欧拉临界应力,

$$\begin{cases} \text{当 } \lambda_s \leqslant 0.8 \text{ 时,} & \tau_{cr2} = f_v \\ \text{当 } 0.8 < \lambda_s \leqslant 1.2 \text{ 时,} & \tau_{cr2} = [1 - 0.59(\lambda_s - 0.8)]f_v; \\ \text{当 } \lambda_s > 1.2 \text{ 时,} & \tau_{cr2} = 1.1 f_v / \lambda_s^2 \end{cases}$$

f_v——钢材的抗剪强度设计值;

λ_s——用于腹板受剪计算时的通用高厚比,

$$\begin{cases} \text{当 } a/h_2 \leqslant 1.0 \text{ 时,} & \lambda_s = \dfrac{h_2/t_w}{41 \sqrt{4 + 5.34 \ (h_2/a)^2}} \sqrt{\dfrac{f_y}{235}} \\[4mm] \text{当 } a/h_2 > 1.0 \text{ 时,} & \lambda_s = \dfrac{h_2/t_w}{41 \sqrt{5.34 + 4 \ (h_2/a)^2}} \sqrt{\dfrac{f_y}{235}} \end{cases};$$

h_2——高度,$h_2 = h_0 - h_1$;

a——集中荷载沿梁跨度方向的支承长度,对钢轨上的轮压可取 50mm;

$\sigma_{c,cr2}$——板件在局部压应力单独作用下的欧拉临界应力,

$$\begin{cases} \text{当 } \lambda_c \leqslant 0.9 \text{ 时,} & \sigma_{c,cr2} = f \\ \text{当 } 0.9 < \lambda_c \leqslant 1.2 \text{ 时,} & \sigma_{c,cr2} = [1 - 0.79(\lambda_c - 0.9)]f \\ \text{当 } \lambda_c > 1.2 \text{ 时,} & \sigma_{c,cr2} = 1.1 f / \lambda_c^2 \end{cases}$$

λ_c——用于腹板受局部压力计算时的通用高厚比,

$$\begin{cases} \text{当 } 0.5 \leqslant a/h_2 \leqslant 1.5 \text{ 时,} & \lambda_c = \dfrac{h_2/t_w}{28 \sqrt{10.9 + 13.4 \ (1.83 - a/h_2)^3}} \sqrt{\dfrac{f_y}{235}} \\[4mm] \text{当 } 1.5 \leqslant a/h_2 \leqslant 2.0 \text{ 时,} & \lambda_c = \dfrac{h_2/t_w}{28 \sqrt{18.9 - 5a/h_2}} \sqrt{\dfrac{f_y}{235}} \end{cases}$$
。

2.1.9 受压翼缘与纵向加劲肋之间设有短加劲肋的区格的局部稳定计算

在受压翼缘与纵向加劲肋之间设有短加劲肋的区格(如图 2-2d 所示),其局部稳定性按下式计算:

$$\frac{\sigma}{\sigma_{cr1}} + \left(\frac{\tau}{\tau_{cr1}}\right)^2 + \left(\frac{\sigma_c}{\sigma_{c,cr1}}\right)^2 \leqslant 1.0$$

$$\tau = \frac{V}{h_w t_w}$$

式中 σ——计算腹板区格内,由平均弯矩产生的腹板计算高度边缘的弯曲压应力;

σ_c——计算稳定性的承压应力,与计算强度的承压应力相同;

τ——所计算腹板区格内,由平均剪力产生的腹板平均剪应力;

V——计算截面沿腹板平面作用的剪力;

h_w——腹板的高度;

t_w——腹板厚度;

σ_{cr1}——板件在弯曲应力单独作用下的欧拉临界应力,

$$\begin{cases} \text{当 } \lambda_{b1} \leqslant 0.85 \text{ 时，} \sigma_{cr1} = f \\ \text{当 } 0.85 < \lambda_{b1} \leqslant 1.25 \text{ 时，} \sigma_{cr1} = [1 - 0.75(\lambda_{b1} - 0.85)]f \text{；} \\ \text{当 } \lambda_{b1} > 1.25 \text{ 时，} \sigma_{cr1} = 1.1f/\lambda_{b1}^2 \end{cases}$$

f——钢材的抗压强度设计值；

λ_{b1}——用于腹板受弯计算时的通用高厚比，

$$\begin{cases} \text{当梁受压翼缘扭转受到约束时，} \lambda_{b1} = \dfrac{\frac{h_1}{t_w}}{75}\sqrt{\dfrac{f_y}{235}} \\ \text{当梁受压翼缘扭转未受到约束时，} \lambda_{b1} = \dfrac{h_1/t_w}{64}\sqrt{\dfrac{f_y}{235}} \end{cases} \text{；}$$

h_1——纵向加劲肋至腹板计算高度受压边缘的距离；

f_y——钢材的屈服强度（或屈服点）；

τ_{cr1}——板件在剪应力单独作用下的欧拉临界应力，

$$\begin{cases} \text{当 } \lambda_s \leqslant 0.8 \text{ 时，} \tau_{cr1} = f_v \\ \text{当 } 0.8 < \lambda_s \leqslant 1.2 \text{ 时，} \tau_{cr1} = [1 - 0.59(\lambda_s - 0.8)]f_v \text{；} \\ \text{当 } \lambda_s > 1.2 \text{ 时，} \tau_{cr1} = \dfrac{1.1f_v}{\lambda_s^2} \end{cases}$$

f_v——钢材的抗剪强度设计值；

λ_s——用于腹板受剪计算时的通用高厚比，

$$\begin{cases} \text{当 } a_1/h_1 \leqslant 1.0 \text{ 时，} \lambda_s = \dfrac{\frac{h_1}{t_w}}{41\sqrt{4 + 5.34(h_1/a_1)^2}}\sqrt{\dfrac{f_y}{235}} \\ \text{当 } a_1/h_1 > 1.0 \text{ 时，} \lambda_s = \dfrac{h_1/t_w}{41\sqrt{5.34 + 4(h_1/a_1)^2}}\sqrt{\dfrac{f_y}{235}} \end{cases} \text{；}$$

a_1——短加劲肋间距；

$\sigma_{c,cr1}$——板件在局部压应力单独作用下的欧拉临界应力，

$$\begin{cases} \text{当 } \lambda_{c1} \leqslant 0.9 \text{ 时，} \sigma_{c,cr1} = f \\ \text{当 } 0.9 < \lambda_{c1} \leqslant 1.2 \text{ 时，} \sigma_{c,cr1} = [1 - 0.79(\lambda_{c1} - 0.9)]f \text{；} \\ \text{当 } \lambda_{c1} > 1.2 \text{ 时，} \sigma_{c,cr1} = 1.1f/\lambda_{c1}^2 \end{cases}$$

λ_{c1}——用于腹板受局部压力计算时的通用高厚比，

$$\begin{cases} \text{当梁受压翼缘扭转受到约束时，} \lambda_{c1} = \dfrac{\frac{a_1}{t_w}}{87}\sqrt{\dfrac{f_y}{235}} \\ \text{当梁受压翼缘扭转未受到约束时，} \lambda_{c1} = \dfrac{\frac{a_1}{t_w}}{73}\sqrt{\dfrac{f_y}{235}} \end{cases} \text{。}$$

2.1.10　钢板横向加劲肋的截面尺寸计算

在腹板两侧成对配置的钢板横向加劲肋，其截面尺寸按下式计算。

外伸宽度

$$b_s \geqslant \frac{h_0}{30} + 40 \ (\text{mm})$$

式中　b_s——加劲肋的外伸宽度；

　　　h_0——腹板的计算高度。

厚度

$$t_s \geqslant \frac{b_s}{15}$$

式中　t_s——加劲肋的厚度；

　　　b_s——加劲肋的外伸宽度。

在腹板一侧配置的钢板横向加劲肋，其外伸宽度应大于按上式算得的 1.2 倍，厚度不应小于其外伸宽度的 1/15。

在同时用横向加劲肋和纵向加劲肋加强的腹板中，横向加劲肋的截面尺寸除应符合上述规定外，其截面惯性矩 I_z 尚应符合下式要求：

$$I_z \geqslant 3h_0 t_w^3$$

式中　h_0——腹板的计算高度；

　　　t_w——腹板厚度。

纵向加劲肋的截面惯性矩 I_y，应按下式计算：

当 $a/h_0 \leqslant 0.85$ 时

$$I_y \geqslant 1.5h_0 t_w^3$$

式中　h_0——腹板的计算高度；

　　　t_w——腹板厚度。

当 $a/h_0 > 0.85$ 时

$$I_y \geqslant \left(2.5 - 0.45\frac{a}{h_0}\right)\left(\frac{a}{h_0}\right)^2 h_0 t_w^3$$

式中　h_0——腹板的计算高度；

　　　a——集中荷载沿梁跨度方向的支承长度，对钢轨上的轮压可取 50mm；

　　　t_w——腹板厚度。

2.1.11　组合梁腹板抗弯和抗剪承载能力的验算

腹板仅配置支承加劲肋（或尚有中间横向加劲肋）而考虑屈曲后强度的工字形截面焊接组合梁（如图 2-2a 所示），应按下式验算抗弯和抗剪承载能力：

$$\left(\frac{V}{0.5V_u} - 1\right)^2 + \frac{M - M_f}{M_{eu} - M_f} \leqslant 1$$

$$M_f = \left(A_{f1} \frac{h_1^2}{h_2} + A_{f2} h_2 \right) f$$

$$M_{eu} = \gamma_x \alpha_e W_x f$$

$$\alpha_e = 1 - \frac{(1-\rho)h_c^3 t_w}{2I_x}$$

式中　M、V——梁的同一截面上同时产生的弯矩和剪力设计值，计算时，当 $V <$
　　　　　　　$0.5V_u$，取 $V = 0.5V_u$；当 $M < M_f$，取 $M = M_f$；

　　　　M_f——梁两翼缘所承担的弯矩设计值；

A_{f1}、h_1——较大翼缘的截面积及其形心至梁中和轴的距离；

A_{f2}、h_2——较小翼缘的截面积及其形心至梁中和轴的距离；

　　　　f——钢材的抗压强度设计值；

　　　M_{eu}——梁抗弯承载力设计值；

　　　γ_x——梁截面塑性发展系数；

　　　α_e——梁截面模量考虑腹板有效高度的折减系数；

　　　W_x——按受压纤维确定的梁毛截面模量；

　　　ρ——腹板受压区有效高度系数，

$$\begin{cases} \text{当 } \lambda_b \leqslant 0.85 \text{ 时，} \rho = 1.0 \\ \text{当 } 0.85 < \lambda_b \leqslant 1.25 \text{ 时，} \rho = 1 - 0.82(\lambda_b - 0.85) \\ \text{当 } \lambda_b > 1.25 \text{ 时，} \rho = \frac{1}{\lambda_b} \left(1 - \frac{0.2}{\lambda_b} \right) \end{cases};$$

　　　λ_b——用于腹板受弯计算时的通用高厚比，

$$\begin{cases} \text{当梁受压翼缘扭转受到约束时：} \lambda_b = \frac{\frac{2h_c}{t_w}}{177} \sqrt{\frac{f_y}{235}} \\ \text{当梁受压翼缘扭转未受到约束时：} \lambda_b = \frac{\frac{2h_c}{t_w}}{153} \sqrt{\frac{f_y}{235}} \end{cases};$$

　　　f_y——钢材的屈服强度（或屈服点）；

　　　h_c——按梁截面全部有效算得的腹板受压区高度；

　　　t_w——腹板厚度；

　　　I_x——按梁截面全部有效算得的绕 x 轴的惯性矩；

　　　V_u——梁抗剪承载力设计值，

$$\begin{cases} \text{当 } \lambda_s \leqslant 0.8 \text{ 时，} V_u = h_w t_w f_v \\ \text{当 } 0.8 < \lambda_s \leqslant 1.2 \text{ 时，} V_u = h_w t_w f_v [1 - 0.5(\lambda_s - 0.8)] \\ \text{当 } \lambda_s > 1.2 \text{ 时，} V_u = h_w t_w f_v / \lambda_s^{1.2} \end{cases}$$

　　　h_w——腹板的高度；

　　　f_v——钢材的抗剪强度设计值；

λ_s——用于腹板受剪计算时的通用高厚比，

$$\begin{cases} \text{当 } a/h_0 \leqslant 1.0 \text{ 时，} \lambda_s = \dfrac{\dfrac{h_0}{t_w}}{41\sqrt{4+5.34\ (h_0/a)^2}}\sqrt{\dfrac{f_y}{235}}; \\[4mm] \text{当 } a/h_0 > 1.0 \text{ 时，} \lambda_s = \dfrac{h_0/t_w}{41\sqrt{5.34+4\ (h_0/a)^2}}\sqrt{\dfrac{f_y}{235}} \end{cases}$$

h_0——腹板的计算高度；

a——集中荷载沿梁跨度方向的支承长度，对钢轨上的轮压可取 50mm。

2.1.12 腹板中间横向加劲肋轴心压力的计算

当仅配置支座加劲肋不能满足 2.1.11 中相关要求时，应在两侧成对配置中间横向加劲肋。中间横向加劲肋和上端受有集中压力的中间支承加劲肋，其截面尺寸除应满足 2.1.10 中的相关要求外，尚应按轴心受压构件参照《钢结构设计规范》（GB 50017—2003）第 4.3.7 条计算其在腹板平面外的稳定性，轴心压力应按下式计算：

$$N_s = V_u - \tau_{cr} h_w t_w + F$$

式中　h_w——腹板高度；

t_w——腹板厚度；

F——作用于中间支承加劲肋上端的集中压力；

V_u——梁抗剪承载力设计值，

$$\begin{cases} \text{当 } \lambda_s \leqslant 0.8 \text{ 时，} V_u = h_w t_w f_v \\[2mm] \text{当 } 0.8 < \lambda_s \leqslant 1.2 \text{ 时，} V_u = h_w t_w f_v [1-0.5(\lambda_s - 0.8)]; \\[2mm] \text{当 } \lambda_s > 1.2 \text{ 时，} V_u = \dfrac{h_w t_w f_v}{\lambda_s^{1.2}} \end{cases}$$

f_v——钢材的抗剪强度设计值；

λ_s——用于腹板受剪计算时的通用高厚比，

$$\begin{cases} \text{当 } a/h_0 \leqslant 1.0 \text{ 时，} \lambda_s = \dfrac{h_0/t_w}{41\sqrt{4+5.34\ (h_0/a)^2}}\sqrt{\dfrac{f_y}{235}} \\[4mm] \text{当 } a/h_0 > 1.0 \text{ 时，} \lambda_s = \dfrac{h_0/t_w}{41\sqrt{5.34+4\ (h_0/a)^2}}\sqrt{\dfrac{f_y}{235}} \end{cases};$$

h_0——腹板的计算高度；

a——集中荷载沿梁跨度方向的支承长度，对钢轨上的轮压可取 50mm；

τ_{cr}——板件在剪应力单独作用下的欧拉临界应力，

$$\begin{cases} \text{当 } \lambda_s \leqslant 0.8 \text{ 时，} \tau_{cr} = f_v \\[2mm] \text{当 } 0.8 < \lambda_s \leqslant 1.2 \text{ 时，} \tau_{cr} = [1-0.59(\lambda_s - 0.8)]f_v。 \\[2mm] \text{当 } \lambda_s > 1.2 \text{ 时，} \tau_{cr} = 1.1 f_v/\lambda_s^2 \end{cases}$$

2.1.13 封头肋板截面积的计算

当支座加劲肋采用图 2-3 的构造形式时，可按下述简化方法进行计算。

加劲肋 1 作为承受支座反力 R 的轴心压杆计算，封头肋板 2 的截面积不应小于按下式计算的数值：

$$A_c = \frac{3h_0 H}{16ef}$$

$$H = (V_u - \tau_{cr} h_w t_w) \sqrt{1 + (\frac{a}{h_0})^2}$$

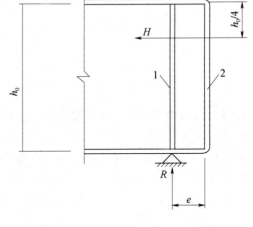

图 2-3 设置封头肋板的梁端构造
1—加劲肋；2—封头肋板

式中　h_0——腹板的计算高度；

H——拉力场的水平分力；

e——偏心距；

f——钢材的抗弯强度设计值；

h_w——腹板高度；

t_w——腹板厚度；

F——作用于中间支承加劲肋上端的集中压力；

V_u——梁抗剪承载力设计值，

$\begin{cases} 当 \lambda_s \leqslant 0.8 \text{ 时，} V_u = h_w t_w f_v \\ 当 0.8 < \lambda_s \leqslant 1.2 \text{ 时，} V_u = h_w t_w f_v [1 - 0.5(\lambda_s - 0.8)]; \\ 当 \lambda_s > 1.2 \text{ 时，} V_u = h_w t_w f_v / \lambda_s^{1.2} \end{cases}$

f_v——钢材的抗剪强度设计值；

λ_s——用于腹板受剪计算时的通用高厚比，

$\begin{cases} 当 a/h_0 \leqslant 1.0 \text{ 时，} \lambda_s = \dfrac{h_0/t_w}{41\sqrt{4 + 5.34\,(h_0/a)^2}} \sqrt{\dfrac{f_y}{235}} \\[4mm] 当 a/h_0 > 1.0 \text{ 时，} \lambda_s = \dfrac{h_0/t_w}{41\sqrt{5.34 + 4\,(h_0/a)^2}} \sqrt{\dfrac{f_y}{235}} \end{cases};$

h_0——腹板的计算高度；

a——对设中间横向加劲肋的梁，a 取支座端区格的加劲肋间距；对不设中间加劲肋的腹板，a 取梁支座至跨内剪力为零点的距离；

τ_{cr}——板件在剪应力单独作用下的欧拉临界应力，

$\begin{cases} 当 \lambda_s \leqslant 0.8 \text{ 时，} \tau_{cr} = f_v \\ 当 0.8 < \lambda_s \leqslant 1.2 \text{ 时，} \tau_{cr} = [1 - 0.59(\lambda_s - 0.8)]f_v \text{。} \\ 当 \lambda_s > 1.2 \text{ 时，} \tau_{cr} = \dfrac{1.1 f_v}{\lambda_s^2} \end{cases}$

2.2 数据速查

2.2.1 H型钢或等截面工字形简支梁不需计算整体稳定性的最大 l_1/b_1 值

表 2-1 H型钢或等截面工字形简支梁不需计算整体稳定性的最大 l_1/b_1 值

钢号	跨中无侧向支承点的梁		跨中受压翼缘有侧向支承点的梁，不论荷载作用于何处
	荷载作用在上翼缘	荷载作用在下翼缘	
Q235	13.0	20.0	16.0
Q345	10.5	16.5	13.0
Q390	10.0	15.5	12.5
Q420	9.5	15.0	12.0

注 其他钢号的梁不需计算整体稳定性的最大 l_1/b_1 值，应取 Q235 钢的数值乘以 $\sqrt{235/f_y}$。

2.2.2 H型钢和等截面工字形简支梁的系数 β_b

表 2-2   H型钢和等截面工字形简支梁的系数 β_b

项次	侧向支承	荷 载		$\xi \leqslant 2.0$	$\xi > 2.0$	适用范围
1	跨中无侧向支承	均布荷载作用在	上翼缘	$0.69 + 0.13\xi$	0.95	图 2-1a、b、d 的截面
2			下翼缘	$1.73 - 0.20\xi$	1.33	
3		集中荷载作用在	上翼缘	$0.73 + 0.18\xi$	1.09	
4			下翼缘	$2.23 - 0.28\xi$	1.67	
5	跨度中点有一个侧向支承点	均布荷载作用在	上翼缘	1.15		图 2-1 中的所有截面
6			下翼缘	1.40		
7		集中荷载作用在截面高度上任意位置		1.75		
8	跨中有不少于两个等距离侧向支承点	任意荷载作用在	上翼缘	1.20		
9			下翼缘	1.40		
10	梁端有弯矩，但跨中无荷载作用			$1.75 - 1.05\left(\dfrac{M_2}{M_1}\right) + 0.3\left(\dfrac{M_2}{M_1}\right)^2$，且 $\leqslant 2.3$		

注 1. ξ 为参数，$\xi = \dfrac{l_1 t_1}{b_1 h}$，其中 $\dfrac{l_1}{b_1}$ 的取值见表 2-1。

2. M_1、M_2 为梁的端弯矩，使梁产生同向曲率时 M_1 和 M_2 取同号，产生反向曲率时取异号，$|M_1| \geqslant |M_2|$。

3. 表中项次 3、4 和 7 的集中荷载是指一个或少数几个集中荷载位于跨中央附近的情况，对其他情况的集中荷载，应按表中项次 1、2、5、6 内的数值采用。

4. 表中项次 8、9 的 β_b，当集中荷载作用在侧向支承点处时，取 $\beta_b = 1.20$。

5. 荷载作用在上翼缘系指荷载作用点在翼缘表面，方向指向截面形心；荷载作用在下翼缘系指荷载作用在翼缘表面，方向背向截面形心。

6. 对 $\alpha_b > 0.8$ 的加强受压翼缘工字形截面，下列情况的 β_b 值应乘以相应的系数：

项次 1，当 $\xi \leqslant 1.0$ 时，乘以 0.95；

项次 3，当 $\xi \leqslant 5.0$ 时，乘以 0.90；梁 $0.5 < \xi \leqslant 1.0$ 时，乘以 0.95。

2.2.3 轧制普通工字钢简支梁的整体稳定系数 φ_b

表 2-3　　　　　　　　　　轧制普通工字钢简支梁的 φ_b

项次	荷 载 情 况			工字钢型号	自由长度 l_1/m								
					2	3	4	5	6	7	8	9	10
1	跨中无侧向支承点的梁	集中荷载作用于	上翼缘	10～20	2	1.3	0.99	0.8	0.68	0.58	0.53	0.48	0.43
				22～32	2.4	1.48	1.09	0.86	0.72	0.62	0.54	0.49	0.45
				36～63	2.8	1.6	1.07	0.83	0.68	0.56	0.5	0.45	0.4
2			下翼缘	10～20	3.1	1.95	1.34	1.01	0.82	0.69	0.63	0.57	0.52
				22～40	5.5	2.8	1.84	1.37	1.07	0.86	0.73	0.64	0.56
				45～63	7.3	3.6	2.3	1.62	1.2	0.96	0.8	0.69	0.6
3		均布荷载作用于	上翼缘	10～20	1.7	1.12	0.84	0.68	0.57	0.5	0.45	0.41	0.37
				22～40	2.1	1.3	0.93	0.73	0.6	0.51	0.45	0.4	0.36
				45～63	2.6	1.45	0.97	0.73	0.59	0.5	0.44	0.38	0.35
4			下翼缘	10～20	2.5	1.55	1.08	0.83	0.68	0.56	0.52	0.47	0.42
				22～40	4	2.2	1.45	1.1	0.85	0.7	0.6	0.52	0.46
				45～63	5.6	2.8	1.8	1.25	0.95	0.78	0.65	0.55	0.49
5	跨中有侧向支承点的梁(不论荷载作用点在截面高度上的位置)			10～20	2.2	1.39	1.01	0.79	0.66	0.57	0.52	0.47	0.42
				22～40	3	1.8	1.24	0.96	0.76	0.65	0.56	0.49	0.43
				45～63	4	2.2	1.38	1.01	0.8	0.66	0.56	0.49	0.43

注　1. 同表 2-2 的注 3、5。

　　2. 表中的 φ_b 适用于 Q235 钢。对其他钢号,表中数值应乘以 $235/f_y$。

2.2.4 双轴对称工字形等截面(含 H 型钢)悬臂梁的系数 β_b

表 2-4　　　　　双轴对称工字形等截面(含 H 型钢)悬臂梁的系数 β_b

项次	荷 载 形 式		$0.60 \leqslant \xi \leqslant 1.24$	$1.24 < \xi \leqslant 1.96$	$1.96 < \xi \leqslant 3.10$
1	自由端一个集中荷载作用在	上翼缘	$0.21+0.67\xi$	$0.72+0.26\xi$	$1.17+0.03\xi$
2		下翼缘	$2.94-0.65\xi$	$2.64-0.40\xi$	$2.15-0.15\xi$
3	均布荷载作用在上翼缘		$0.62+0.82\xi$	$1.25+0.31\xi$	$1.66+0.10\xi$

注　1. 本表是按支承端为固定的情况确定的,当用于由邻跨延伸出来的伸臂梁时,应在构造上采取措施加强支承处的抗扭能力。

　　2. 表中 ξ 见表 2-2 注 1。

3

轴心受力构件计算

3.1　公式速查

3.1.1　轴心受拉构件和轴心受压构件强度的计算

轴心受拉构件和轴心受压构件的强度,除高强度螺栓摩擦型连接处外,应按下式计算:

$$\sigma = \frac{N}{A_n} \leqslant f$$

式中　N——轴心拉力或轴心压力;

　　　f——钢材的抗弯强度设计值;

　　　A_n——净截面面积。

高强度螺栓摩擦型连接处的强度应按下列公式计算:

$$\sigma = \left(1 - 0.5\frac{n_1}{n}\right)\frac{N}{A_n} \leqslant f$$

$$\sigma = \frac{N}{A} \leqslant f$$

式中　n——在节点或拼接处,构件一端连接的高强度螺栓数目;

　　　n_1——所计算截面(最外列螺栓处)上高强度螺栓数目;

　　　A——构件的毛截面面积;

　　　f——钢材的抗弯强度设计值;

　　　N——轴心拉力或轴心压力;

　　　A_n——净截面面积。

3.1.2　实腹式轴心受压构件稳定性的计算

实腹式轴心受压构件的稳定性应按下式计算:

$$\frac{N}{\varphi A} \leqslant f$$

式中　N——轴心拉力或轴心压力;

　　　f——钢材的抗弯强度设计值;

　　　A——构件的毛截面面积;

　　　φ——轴心受压构件的稳定系数(取截面两主轴稳定系数中的较小者),应根据构件的长细比、钢材屈服强度和表 3-1、表 3-2 的截面分类按表 3-3～表 3-7 采用。

3.1.3　实腹式轴心受压构件长细比的计算

1. 截面为双轴对称或极对称的构件

截面为双轴对称或极对称的构件:

$$\lambda_x = \frac{l_{0x}}{i_x}$$

$$\lambda_y = \frac{l_{0y}}{i_y}$$

式中　l_{0x}、l_{0y}——构件对主轴 x 和 y 的计算长度；

　　　i_x、i_y——构件截面对主轴 x 和 y 的回转半径。

对双轴对称十字形截面构件，λ_x 或 λ_y 取值不得小于 $5.07b/t$（其中 b/t 为悬伸板件宽厚比）。

2. 截面为单轴对称的构件

截面为单轴对称的构件，绕非对称轴的长细比 λ_x 仍按上式计算，但绕对称轴应取计及扭转效应的下列换算长细比代替 λ_y：

$$\lambda_{yz} = \frac{1}{\sqrt{2}}\left[(\lambda_y^2 + \lambda_z^2) + \sqrt{(\lambda_y^2 + \lambda_z^2)^2 - 4\left(1 - \frac{e_0^2}{i_0^2}\right)\lambda_y^2 \lambda_z^2}\right]^{\frac{1}{2}}$$

$$\lambda_z^2 = \sqrt{\frac{i_0^2 A}{\dfrac{I_t}{25.7} + \dfrac{I_\omega}{l_\omega^2}}}$$

$$i_0^2 = e_0^2 + i_x^2 + i_y^2$$

式中　e_0——截面形心至剪心的距离；

　　　i_0——截面对剪心的极回转半径；

　　　λ_y——构件对对称轴的长细比；

　　　λ_z——扭转屈曲的换算长细比；

　　　I_t——毛截面抗扭惯性矩；

　　　I_ω——毛截面扇性惯性矩；对 T 形截面（轧制、双板焊接、双角钢组合）、十字形截面和角形截面可近似取 $I_\omega = 0$；

　　　A——毛截面面积；

　　　l_ω——扭转屈曲的计算长度，对两端铰接端部截面可自由翘曲或两端嵌固端部截面的翘曲完全受到约束的构件，取 $l_\omega = l_{0y}$；

　　　i_x、i_y——构件截面对主轴 x 和 y 的回转半径。

3. 单角钢截面和双角钢组合 T 形截面

单角钢截面和双角钢组合 T 形截面绕对称轴的 λ_{yz} 可按下式确定：

（1）等边单角钢截面（如图 3 - 1a 所示）

当 $b/t \leqslant 0.54 l_{0y}/b$ 时

$$\lambda_{yz} = \lambda_y\left(1 + \frac{0.85b^4}{l_{0y}^2 t^2}\right)$$

式中 λ_y——构件对对称轴的长细比;

$\quad\quad l_{0y}$——构件对主轴 y 的计算长度;

$\quad b$、t——角钢肢的宽度和厚度。

当 $b/t > 0.54 l_{0y}/b$ 时

$$\lambda_{yz} = 4.78 \frac{b}{t}\left(1 + \frac{l_{0y}^2 t^2}{13.5 b^4}\right)$$

式中 b、t——角钢肢的宽度和厚度;

$\quad\quad l_{0y}$——构件对主轴 y 的计算长度。

（2）等边双角钢截面（如图 3-1b 所示）

当 $b/t \leqslant 0.58 l_{0y}/b$ 时

$$\lambda_{yz} = \lambda_y \left(1 + \frac{0.475 b^4}{l_{0y}^2 t^2}\right)$$

式中 λ_y——构件对对称轴的长细比;

$\quad\quad l_{0y}$——构件对主轴 y 的计算长度;

$\quad b$、t——角钢肢的宽度和厚度。

当 $b/t > 0.58 l_{0y}/b$ 时

$$\lambda_{yz} = 3.9 \frac{b}{t}\left(1 + \frac{l_{0y}^2 t^2}{18.6 b^4}\right)$$

式中 b、t——角钢肢的宽度和厚度;

$\quad\quad l_{0y}$——构件对主轴 y 的计算长度。

（3）长肢相并的不等边双角钢截面（如图 3-1c 所示）

当 $b_2/t \leqslant 0.48 l_{0y}/b_2$ 时

$$\lambda_{yz} = \lambda_y \left(1 + \frac{1.09 b_2^4}{l_{0y}^2 t^2}\right)$$

式中 λ_y——构件对对称轴的长细比;

$\quad\quad l_{0y}$——构件对主轴 y 的计算长度;

$\quad\quad b_2$——不等边角钢短肢的宽度;

$\quad\quad t$——角钢肢的厚度。

当 $b_2/t > 0.48 l_{0y}/b_2$ 时

$$\lambda_{yz} = 5.1 \frac{b_2}{t}\left(1 + \frac{l_{0y}^2 t^2}{17.4 b_2^4}\right)$$

式中 l_{0y}——构件对主轴 y 的计算长度;

$\quad\quad b_2$——不等边角钢短肢的宽度;

$\quad\quad t$——角钢肢的厚度。

（4）短肢相并的不等边双角钢截面（如图 3-1d 所示）

当 $b_l/t \leqslant 0.56l_{0y}/b_1$ 时，可近似取 $\lambda_{yz} = \lambda_y$。否则应取

$$\lambda_{yz} = 3.7\frac{b_1}{t}\left(1 + \frac{l_{0y}^2 t^2}{52.7b_1^4}\right)$$

式中　l_{0y}——构件对主轴 y 的计算长度；

　　　　b_1——不等边角钢长肢的宽度；

　　　　t——角钢肢的厚度。

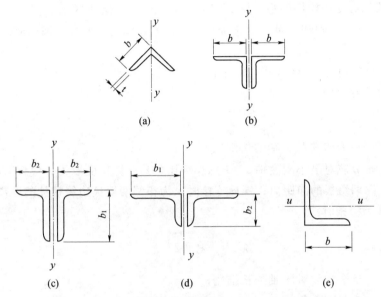

图 3-1　单角钢截面和双角钢组合 T 形截面

b—等边角钢肢宽度；b_1—不等边角钢长肢宽度；b_2—不等边角钢短肢宽度

4. 等边单角钢构件

单轴对称的轴心压杆在绕非对称主轴以外的任一轴失稳时，应按照弯扭屈曲计算其稳定性。当计算等边单角钢构件绕平行轴（图 3-1e 的 u 轴）稳定时，可用下式计算其换算长细比 λ_{uz}，并按 b 类截面确定 φ 值：

当 $b/t \leqslant 0.69l_{0u}/b$ 时

$$\lambda_{uz} = \lambda_u\left(1 + \frac{0.25b^4}{l_{0u}^2 t^2}\right)$$

$$\lambda_u = \frac{l_{0u}}{i_u}$$

式中　λ_u——构件对 u 轴的长细比；

　　　　l_{0u}——构件对 u 轴的计算长度；

b、t——角钢肢的宽度和厚度；

i_u——构件截面对 u 轴的回转半径。

当 $b/t > 0.69 l_{0u}/b$ 时

$$\lambda_{uz} = \frac{5.4b}{t}$$

式中　b、t——角钢肢的宽度和厚度。

3.1.4　格构式轴心受压构件长细比的计算

格构式轴心受压构件的稳定性仍应按 3.1.2 计算，但对虚轴（图 3-2a 的 x 轴和图 3-2b、c 的 x 轴和 y 轴）的长细比应取换算长细比。换算长细比应按下列公式计算：

1. 双肢组合构件（如图 3-2a 所示）

当缀件为缀板时：

$$\lambda_{0x} = \sqrt{\lambda_x^2 + \lambda_1^2}$$

式中　λ_x——整个构件对 x 轴的长细比；

　　　λ_1——分肢对最小刚度轴 1-1 的长细比，其计算长度取为：焊接时，为相邻两缀板的净距离；螺栓连接时，为相邻两缀板边缘螺栓的距离。

当缀件为缀条时：

$$\lambda_{0x} = \sqrt{\lambda_x^2 + 27 \frac{A}{A_{1x}}}$$

式中　λ_x——整个构件对 x 轴的长细比；

　　　A——毛截面面积；

　　　A_{1x}——构件截面中垂直于 x 轴的各斜缀条毛截面面积之和。

2. 四肢组合构件（如图 3-2b 所示）

当缀件为缀板时：

$$\lambda_{0x} = \sqrt{\lambda_x^2 + \lambda_1^2}$$

$$\lambda_{0y} = \sqrt{\lambda_y^2 + \lambda_1^2}$$

式中　λ_x、λ_y——整个构件对 x 轴、y 轴的长细比；

　　　λ_1——分肢对最小刚度轴 1-1 的长细比，其计算长度取为：焊接时，为相邻两缀板的净距离；螺栓连接时，为相邻两缀板边缘螺栓的距离。

当缀件为缀条时：

$$\lambda_{0x} = \sqrt{\lambda_x^2 + 40 \frac{A}{A_{1x}}}$$

$$\lambda_{0y} = \sqrt{\lambda_y^2 + 40\frac{A}{A_{1y}}}$$

式中 λ_x、λ_y——整个构件对 x 轴、y 轴的长细比;

A——毛截面面积;

A_{1x}、A_{1y}——构件截面中垂直于 x 轴、y 轴的各斜缀条毛截面面积之和。

3. 缀件为缀条的三肢组合构件(如图 3 - 2c 所示)

$$\lambda_{0x} = \sqrt{\lambda_x^2 + \frac{42A}{A_1(1.5 - \cos^2\theta)}}$$

$$\lambda_{0y} = \sqrt{\lambda_y^2 + \frac{42A}{A_1\cos^2\theta}}$$

式中 λ_x、λ_y——整个构件对 x 轴、y 轴的长细比;

A——毛截面面积;

A_1——构件截面中各斜缀条毛截面面积之和;

θ——构件截面内缀条所在平面与 x 轴的夹角。

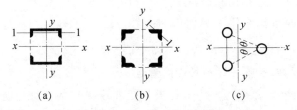

(a)　　　　　(b)　　　　　(c)

图 3 - 2　格构式组合构件截面

3.1.5　轴心受压构件剪力的计算

轴压构件应按下式计算剪力:

$$V = \frac{Af}{85}\sqrt{\frac{f_y}{235}}$$

式中 A——毛截面面积;

f——钢材的抗弯强度设计值;

f_y——钢材的屈服强度(或屈服点)。

3.1.6　沿被撑构件屈曲方向的支撑力计算

用作减小轴心受压构件(柱)自由长度的支撑,当其轴线通过被撑构件截面剪心时,沿被撑构件屈曲方向的支撑力应按下列方法计算:

1)长度为 l 的单根柱设置一道支撑支撑力 F_{b1} 的计算

当支撑杆位于柱高度中央时:

$$F_{b1} = N/60$$

式中 N——被撑构件的最大轴心压力。

当支撑杆位于距柱端 αl 处时（$0 < \alpha < 1$）：

$$F_{b1} = \frac{N}{240\alpha(1-\alpha)}$$

式中　N——被撑构件的最大轴心压力；

　　　α——系数。

2）长度为 l 的单根柱设置 m 道等间距（或间距不等但与平均间距相比相差不超过 20%）支撑时，各支承点的支撑力 F_{brn} 为：

$$F_{brn} = N/[30(m+1)]$$

式中　N——被撑构件的最大轴心压力。

3）被撑构件为多根柱组成的柱列，在柱高度中央附近设置一道支撑时，支撑力 F_{bn} 应按下式计算：

$$F_{bn} = \frac{\sum N_i}{60}\left(0.6 + \frac{0.4}{n}\right)$$

式中　n——柱列中被撑柱的根数；

　　　$\sum N_i$——被撑柱同时存在的轴心压力设计值之和。

4）当支撑同时承担结构上其他作用的效应时，其相应的轴力可不与支撑力相叠加。

3.1.7 桁架弦杆和单系腹杆计算长度的确定

确定桁架弦杆和单系腹杆（用节点板与弦杆连接）的长细比时，其计算长度 l_0 应按表 3-8 采用。当桁架弦杆侧向支承点之间的距离为节间长度的 2 倍（如图 3-3 所示）且两节间的弦杆轴心压力不相同时，则该弦杆在桁架平面外的计算长度，应按下式确定（但不应小于 $0.5l_1$）：

$$l_0 = l_1\left(0.75 + 0.25\frac{N_2}{N_1}\right)$$

式中　l_1——桁架弦杆侧向支承点之间的距离；

　　　N_1——较大的压力，计算时取正值；

　　　N_2——较小的压力或拉力，计算时压力取正值，拉力取负值。

3.1.8 两交叉杆在桁架平面外计算长度的确定

确定在交叉点相互连接的桁架交叉腹杆的长细比时，在桁架平面内的计算长度应取节点中心到交叉点间的距离；在桁架平面外的计算长度，当两交叉杆长度相等时，应按下列规定采用：

1. 压杆

1）相交另一杆受压，两杆截面相同并在交叉点均不中断：

$$l_0 = l\sqrt{\frac{1}{2}\left(1 + \frac{N_0}{N}\right)}$$

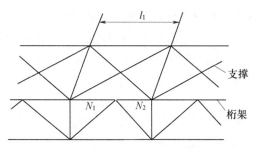

图 3 - 3 弦杆轴心压力在侧向支承点间
有变化的桁架简图

式中 l——桁架节点中心间距离（交叉点不作为节点考虑）；

N、N_0——所计算杆的内力及相交另一杆的内力，均为绝对值。两杆均受压时，取 $N_0 \leqslant N$，两杆截面应相同。

2）相交另一杆受压，此另一杆在交叉点中断但以节点板搭接：

$$l_0 = l \sqrt{1 + \frac{\pi^2}{12} \cdot \frac{N_0}{N}}$$

式中 l——桁架节点中心间距离（交叉点不作为节点考虑）；

N、N_0——所计算杆的内力及相交另一杆的内力，均为绝对值。两杆均受压时，取 $N_0 \leqslant N$，两杆截面应相同。

3）相交另一杆受拉，两杆截面相同并在交叉点均不中断：

$$l_0 = l \sqrt{\frac{1}{2} \left(1 - \frac{3}{4} \cdot \frac{N_0}{N} \right)} \geqslant 0.5l$$

式中 l——桁架节点中心间距离（交叉点不作为节点考虑）；

N、N_0——所计算杆的内力及相交另一杆的内力，均为绝对值。两杆均受压时，取 $N_0 \leqslant N$，两杆截面应相同。

4）相交另一杆受拉，此拉杆在交叉点中断但以节点板搭接：

$$l_0 = l \sqrt{1 - \frac{3}{4} \cdot \frac{N_0}{N}} \geqslant 0.5l$$

式中 l——桁架节点中心间距离（交叉点不作为节点考虑）；

N、N_0——所计算杆的内力及相交另一杆的内力，均为绝对值。两杆均受压时，取 $N_0 \leqslant N$，两杆截面应相同。

当此拉杆连续而压杆在交叉点中断但以节点板搭接，若 $N_0 \geqslant N$ 或拉杆在桁架平面外的抗弯刚度 $EI_y \geqslant \frac{3N_0 l^2}{4\pi^2} \left(\frac{N}{N_0} - 1 \right)$ 时，取 $l_0 = 0.5l$。

2. 拉杆

应取 $l_0 = l$。

3.1.9 单层或多层框架等截面柱计算长度系数的确定

单层或多层框架等截面柱，在框架平面内的计算长度应等于该层柱的高度乘以计算长度系数 μ。框架分为无支撑的纯框架和有支撑框架，其中有支撑框架根据抗侧移刚度的大小，分为强支撑框架和弱支撑框架。

1. 无支撑纯框架

1）当采用一阶弹性分析方法计算内力时，框架柱的计算长度系数 μ 见表 3－10 有侧移框架柱的计算长度系数确定。

2）当采用二阶弹性分析方法计算内力且在每层柱顶附加考虑假想水平力 H_{ni} 时，框架柱的计算长度系数 $\mu=1.0$。

2．有支撑框架

1）当支撑结构（支撑桁架、剪力墙、电梯井等）的侧移刚度（产生单位侧倾角的水平力）S_b 满足下式的要求时，为强支撑框架，框架柱的计算长度系数 μ 按表 3－9无侧移框架柱的计算长度系数确定。

$$S_b \geqslant 3(1.2\sum N_{bi} - \sum N_{0i})$$

式中　$\sum N_{bi}$、$\sum N_{0i}$——第 i 层层间所有框架柱用无侧移框架和有侧移框架柱计算长度系数算得的轴压杆稳定承载力之和。

2）当支撑结构的侧移刚度 S_b 不满足上式的要求时，为弱支撑框架，框架柱的轴压杆稳定系数 φ 按下式计算：

$$\varphi = \varphi_0 + (\varphi_1 - \varphi_0)\frac{S_b}{3(1.2\sum N_{bi} - \sum N_{0i})}$$

式中　φ_1、φ_0——框架柱用表 3－9 和表 3－10 中无侧移框架柱和有侧移框架柱计算长度系数算得的轴心压杆稳定系数。

3.1.10 单层厂房阶形柱计算长度系数的确定

单层厂房框架下端刚性固定的阶形柱，在框架平面内的计算长度应按下列规定确定：

1．单阶柱

1）下段柱的计算长度系数 μ_2：当柱上端与横梁铰接时，等于按表 3－11（柱上端为自由的单阶柱）的数值乘以表 3－15 的折减系数；当柱上端与横梁刚接时，等于按表 3－12（柱上端可移动但不转动的单阶柱）的数值乘以表 3－15 的折减系数。

2）上段柱的计算长度系数 μ_1，应按下式计算：

$$\mu_1 = \frac{\mu_2}{\eta_1}$$

$$\eta_1 = \frac{H_1}{H_2}\sqrt{\frac{N_1}{N_2} \cdot \frac{I_2}{I_1}}$$

式中 μ_2——下段柱的计算长度系数;

η_1——参数;

N_1、N_2——上段柱、下段柱的轴心力;

H_1、H_2——上段柱、下段柱的高度;

I_1、I_2——上段柱、下段柱的惯性矩。

2. 双阶柱

1) 下段柱的计算长度系数 μ_3: 当柱上端与横梁铰接时, 等于按表 3-13 (柱上端为自由的双阶柱) 的数值乘以表 3-15 的折减系数; 当柱上端与横梁刚接时, 等于按表 3-14 (柱上端可移动但不转动的双阶柱) 的数值乘以表 3-15 的折减系数。

2) 上段柱和中段柱的计算长度系数 μ_1 和 μ_2, 应按下式计算:

$$\mu_1 = \frac{\mu_3}{\eta_1}$$

$$\mu_2 = \frac{\mu_3}{\eta_2}$$

$$\eta_1 = \frac{H_1}{H_3}\sqrt{\frac{N_1}{N_3} \cdot \frac{I_3}{I_1}}$$

$$\eta_2 = \frac{H_2}{H_3}\sqrt{\frac{N_2}{N_3} \cdot \frac{I_3}{I_2}}$$

式中 μ_3——下段柱的计算长度系数;

η_1、η_2——参数;

N_1、N_2、N_3——上段柱、中段柱、下段柱的轴心力;

H_1、H_2、H_3——上段柱、中段柱、下段柱的高度;

I_1、I_2、I_3——上段柱、中段柱、下段柱的惯性矩。

3.1.11 框架柱计算长度的修正

附有摇摆柱 (两端铰接柱) 的无支撑纯框架柱和弱支撑框架柱的计算长度系数应乘以增大系数 η:

$$\eta = \sqrt{1 + \frac{\sum\left(\dfrac{N_1}{h_1}\right)}{\sum\left(\dfrac{N_f}{h_f}\right)}}$$

式中 $\sum(N_f/H_f)$——各框架柱轴心压力设计值与柱子高度比值之和;

$\sum(N_1/H_1)$——各摇摆柱轴心压力设计值与柱子高度比值之和。

3.2 数据速查

3.2.1 轴心受压构件的截面分类（板厚 $t<40\text{mm}$）

表 3-1　　　　　　　　轴心受压构件的截面分类（板厚 $t<40\text{mm}$）

截　面　形　式			对 x 轴	对 y 轴
轧制			a 类	a 类
轧制 $b:h\leqslant 0.8$			a 类	b 类
轧制：$b:h>0.8$　　焊接，翼缘为焰切边		焊接	b 类	b 类
轧制		轧制等边角钢		

截 面 形 式	对 x 轴	对 y 轴
 轧制、焊接 （板件宽厚比大于 20）　　　轧制或焊接		
 焊接　　　　　　　　　轧制截面和翼 缘为焰切边的 焊接截面	b 类	c 类
 格构式　　　　　　　　　焊接板件边缘焰切		
 焊接翼缘为轧制或剪切边	b 类	c 类
 焊接板件边缘轧制或剪切　　　焊接板件宽厚比≤20	c 类	c 类

3.2.2 轴心受压构件的截面分类（板厚 $t \geqslant 40\text{mm}$）

表 3 − 2　　　　　　　　　轴心受压构件的截面分类（板厚 $t \geqslant 40\text{mm}$）

截 面 形 式		对 x 轴	对 y 轴
轧制 I 形或 H 形截面	$t < 80\text{mm}$	b 类	c 类
	$t \geqslant 80\text{mm}$	c 类	d 类
焊接 I 形截面	翼缘为焰切边	b 类	b 类
	翼缘为轧制或剪切边	c 类	d 类
焊接箱形截面	板件宽厚比>20	b 类	b 类
	板件宽厚比≤20	c 类	c 类

3.2.3 a 类截面轴心受压构件的稳定系数

表 3 − 3　　　　　　　　a 类截面轴心受压构件的稳定系数 φ

$\lambda\sqrt{\dfrac{f_y}{235}}$	0	1	2	3	4	5	6	7	8	9
0	1.000	1.000	1.000	1.000	0.999	0.999	0.998	0.998	0.997	0.996
10	0.995	0.994	0.993	0.992	0.991	0.989	0.988	0.986	0.985	0.983

$\lambda\sqrt{\dfrac{f_y}{235}}$	0	1	2	3	4	5	6	7	8	9
20	0.981	0.979	0.977	0.976	0.974	0.972	0.970	0.968	0.966	0.964
30	0.963	0.961	0.959	0.957	0.954	0.952	0.950	0.948	0.946	0.944
40	0.941	0.939	0.937	0.934	0.932	0.929	0.927	0.924	0.921	0.918
50	0.916	0.913	0.910	0.907	0.903	0.900	0.897	0.893	0.890	0.886
60	0.883	0.879	0.875	0.871	0.867	0.862	0.858	0.854	0.849	0.844
70	0.839	0.834	0.829	0.824	0.818	0.813	0.807	0.801	0.795	0.789
80	0.783	0.776	0.770	0.763	0.756	0.749	0.742	0.735	0.728	0.721
90	0.713	0.706	0.698	0.691	0.683	0.676	0.668	0.660	0.653	0.645
100	0.637	0.630	0.622	0.614	0.607	0.599	0.592	0.584	0.577	0.569
110	0.562	0.555	0.548	0.541	0.534	0.527	0.520	0.513	0.507	0.500
120	0.494	0.487	0.481	0.475	0.469	0.463	0.457	0.451	0.445	0.439
130	0.434	0.428	0.423	0.417	0.412	0.407	0.402	0.397	0.392	0.387
140	0.382	0.378	0.373	0.368	0.364	0.360	0.355	0.351	0.347	0.343
150	0.339	0.335	0.331	0.327	0.323	0.319	0.316	0.312	0.308	0.305
160	0.302	0.298	0.295	0.292	0.288	0.285	0.282	0.279	0.276	0.273
170	0.270	0.267	0.264	0.261	0.259	0.256	0.253	0.250	0.248	0.245
180	0.243	0.240	0.238	0.235	0.233	0.231	0.228	0.226	0.224	0.222
190	0.219	0.217	0.215	0.213	0.211	0.209	0.207	0.205	0.203	0.201
200	0.199	0.197	0.196	0.194	0.192	0.190	0.188	0.187	0.185	0.183
210	0.182	0.180	0.178	0.177	0.175	0.174	0.172	0.171	0.169	0.168
220	0.166	0.165	0.163	0.162	0.161	0.159	0.158	0.157	0.155	0.154
230	0.153	0.151	0.150	0.149	0.148	0.147	0.145	0.144	0.143	0.142
240	0.141	0.140	0.139	0.137	0.136	0.135	0.134	0.133	0.132	0.131
250	0.130	—	—	—	—	—	—	—	—	—

注　见表 3−6 注。

3.2.4　b 类截面轴心受压构件的稳定系数

表 3−4　　　　　　　b 类截面轴心受压构件的稳定系数 φ

$\lambda\sqrt{\dfrac{f_y}{235}}$	0	1	2	3	4	5	6	7	8	9
0	1.000	1.000	1.000	0.999	0.999	0.998	0.997	0.996	0.995	0.994
10	0.992	0.991	0.989	0.987	0.985	0.983	0.981	0.978	0.976	0.973

$\lambda\sqrt{\frac{f_y}{235}}$	0	1	2	3	4	5	6	7	8	9
20	0.970	0.967	0.963	0.960	0.957	0.953	0.950	0.946	0.943	0.939
30	0.936	0.932	0.929	0.925	0.921	0.918	0.914	0.910	0.906	0.903
40	0.899	0.895	0.891	0.886	0.882	0.878	0.874	0.870	0.865	0.861
50	0.856	0.852	0.847	0.842	0.837	0.833	0.828	0.823	0.818	0.812
60	0.807	0.802	0.796	0.791	0.785	0.780	0.774	0.768	0.762	0.757
70	0.751	0.745	0.738	0.732	0.726	0.720	0.713	0.707	0.701	0.694
80	0.687	0.681	0.674	0.668	0.661	0.654	0.648	0.641	0.634	0.628
90	0.621	0.614	0.607	0.601	0.594	0.587	0.581	0.574	0.568	0.561
100	0.555	0.548	0.542	0.535	0.529	0.523	0.517	0.511	0.504	0.498
110	0.492	0.487	0.481	0.475	0.469	0.464	0.458	0.453	0.447	0.442
120	0.436	0.431	0.426	0.421	0.416	0.411	0.406	0.401	0.396	0.392
130	0.387	0.383	0.378	0.374	0.369	0.365	0.361	0.357	0.352	0.348
140	0.344	0.340	0.337	0.333	0.329	0.325	0.322	0.318	0.314	0.311
150	0.308	0.304	0.301	0.297	0.294	0.291	0.288	0.285	0.282	0.279
160	0.276	0.273	0.270	0.267	0.264	0.262	0.259	0.256	0.253	0.251
170	0.248	0.246	0.243	0.241	0.238	0.236	0.234	0.231	0.229	0.227
180	0.225	0.222	0.220	0.218	0.216	0.214	0.212	0.210	0.208	0.206
190	0.204	0.202	0.200	0.198	0.196	0.195	0.193	0.191	0.189	0.188
200	0.186	0.184	0.183	0.181	0.179	0.178	0.176	0.175	0.173	0.172
210	0.170	0.169	0.167	0.166	0.164	0.163	0.162	0.160	0.159	0.158
220	0.156	0.155	0.154	0.152	0.151	0.150	0.149	0.147	0.146	0.145
230	0.144	0.143	0.142	0.141	0.139	0.138	0.137	0.136	0.135	0.134
240	0.133	0.132	0.131	0.130	0.129	0.128	0.127	0.126	0.125	0.124
250	0.123	—	—	—	—	—	—	—	—	—

注 见表 3 - 6 注。

3. 2. 5 c 类截面轴心受压构件的稳定系数

表 3 - 5　　　　　　　c 类截面轴心受压构件的稳定系数 φ

$\lambda\sqrt{\frac{f_y}{235}}$	0	1	2	3	4	5	6	7	8	9
0	1.000	1.000	1.000	0.999	0.999	0.998	0.997	0.996	0.995	0.993
10	0.992	0.990	0.988	0.986	0.983	0.981	0.978	0.976	0.973	0.970

$\lambda\sqrt{\dfrac{f_y}{235}}$	0	1	2	3	4	5	6	7	8	9
20	0.966	0.959	0.953	0.947	0.940	0.934	0.928	0.921	0.915	0.909
30	0.902	0.896	0.890	0.883	0.877	0.871	0.865	0.858	0.852	0.845
40	0.839	0.833	0.826	0.820	0.813	0.807	0.800	0.794	0.787	0.781
50	0.774	0.768	0.761	0.755	0.748	0.742	0.735	0.728	0.722	0.715
60	0.709	0.702	0.695	0.689	0.682	0.675	0.669	0.662	0.656	0.649
70	0.642	0.636	0.629	0.623	0.616	0.610	0.603	0.597	0.591	0.584
80	0.578	0.572	0.565	0.559	0.553	0.547	0.541	0.535	0.529	0.523
90	0.517	0.511	0.505	0.499	0.494	0.488	0.483	0.477	0.471	0.467
100	0.462	0.458	0.453	0.449	0.445	0.440	0.436	0.432	0.427	0.423
110	0.419	0.415	0.411	0.407	0.402	0.398	0.394	0.390	0.386	0.383
120	0.379	0.375	0.371	0.367	0.363	0.360	0.356	0.352	0.349	0.345
130	0.342	0.338	0.335	0.332	0.328	0.325	0.322	0.318	0.315	0.312
140	0.309	0.306	0.303	0.300	0.297	0.294	0.291	0.288	0.285	0.282
150	0.279	0.277	0.274	0.271	0.269	0.266	0.263	0.261	0.258	0.256
160	0.253	0.251	0.248	0.246	0.244	0.241	0.239	0.237	0.235	0.232
170	0.230	0.228	0.226	0.224	0.222	0.220	0.218	0.216	0.214	0.212
180	0.210	0.208	0.206	0.204	0.203	0.201	0.199	0.197	0.195	0.194
190	0.192	0.190	0.189	0.187	0.185	0.184	0.182	0.181	0.179	0.178
200	0.176	0.175	0.173	0.172	0.170	0.169	0.167	0.166	0.165	0.163
210	0.162	0.161	0.159	0.158	0.157	0.155	0.154	0.153	0.152	0.151
220	0.149	0.148	0.147	0.146	0.145	0.144	0.142	0.141	0.140	0.139
230	0.138	0.137	0.136	0.135	0.134	0.133	0.132	0.131	0.130	0.129
240	0.128	0.127	0.126	0.125	0.124	0.123	0.123	0.122	0.121	0.120
250	0.119	—	—	—	—	—	—	—	—	—

注　见表 3-6 注。

3.2.6　d 类截面轴心受压构件的稳定系数

表 3-6　　　　　　　　d 类截面轴心受压构件的稳定系数 φ

$\lambda\sqrt{\dfrac{f_y}{235}}$	0	1	2	3	4	5	6	7	8	9
0	1.000	1.000	0.999	0.999	0.998	0.996	0.994	0.992	0.990	0.987
10	0.984	0.981	0.978	0.974	0.969	0.965	0.960	0.955	0.949	0.944

$\lambda\sqrt{\dfrac{f_y}{235}}$	0	1	2	3	4	5	6	7	8	9
20	0.937	0.927	0.918	0.909	0.900	0.891	0.883	0.874	0.865	0.857
30	0.848	0.840	0.831	0.823	0.815	0.807	0.798	0.790	0.782	0.774
40	0.766	0.758	0.751	0.743	0.735	0.727	0.720	0.712	0.705	0.697
50	0.690	0.682	0.675	0.668	0.660	0.653	0.646	0.639	0.632	0.625
60	0.618	0.611	0.605	0.598	0.591	0.585	0.578	0.571	0.565	0.559
70	0.552	0.546	0.540	0.534	0.528	0.521	0.516	0.510	0.504	0.498
80	0.492	0.487	0.481	0.476	0.470	0.465	0.459	0.454	0.449	0.444
90	0.439	0.434	0.429	0.424	0.419	0.414	0.409	0.405	0.401	0.397
100	0.393	0.390	0.386	0.383	0.380	0.376	0.373	0.369	0.366	0.363
110	0.359	0.356	0.353	0.350	0.346	0.343	0.340	0.337	0.334	0.331
120	0.328	0.325	0.322	0.319	0.316	0.313	0.310	0.307	0.304	0.301
130	0.298	0.296	0.293	0.290	0.288	0.285	0.282	0.280	0.277	0.275
140	0.272	0.270	0.267	0.265	0.262	0.260	0.257	0.255	0.253	0.250
150	0.248	0.246	0.244	0.242	0.239	0.237	0.235	0.233	0.231	0.229
160	0.227	0.225	0.223	0.221	0.219	0.217	0.215	0.213	0.211	0.210
170	0.208	0.206	0.204	0.202	0.201	0.199	0.197	0.196	0.194	0.192
180	0.191	0.189	0.187	0.186	0.184	0.183	0.181	0.180	0.178	0.177
190	0.175	0.174	0.173	0.171	0.170	0.168	0.167	0.166	0.164	0.163
200	0.162	—	—	—	—	—	—	—	—	—

注　1. 表 3-3～表 3-6 中的 φ 值系按下列公式算得：

当 $\bar{\lambda}=\dfrac{\lambda}{\pi}\sqrt{\dfrac{f_y}{E}}\leqslant 0.215$ 时，$\varphi=1-\alpha_1\bar{\lambda}^2$

当 $\bar{\lambda}>0.215$ 时，$\varphi=\dfrac{1}{2\bar{\lambda}^2}\left[(\alpha_2+\alpha_3\bar{\lambda}+\bar{\lambda}^2)-\sqrt{(\alpha_2+\alpha_3\bar{\lambda})^2-4\bar{\lambda}^2}\right]$

式中　α_1、α_2、α_3——系数，根据表 3-1 和表 3-2 的截面分类，按表 3-7 采用。

2. 当构件的 $\lambda\sqrt{\dfrac{f_y}{235}}$ 值超出表 3-3～表 3-6 的范围时，则 φ 值按注 1 所列的公式计算。

表 3-7　　　　　　　　　　　　　系数 α_1、α_2、α_3

截面类别		α_1	α_2	α_3
a 类		0.41	0.986	0.152
b 类		0.65	0.965	0.300
c 类	$\bar{\lambda}\leqslant 1.05$	0.73	0.906	0.595
	$\bar{\lambda}>1.05$		1.216	0.302
d 类	$\bar{\lambda}\leqslant 1.05$	1.35	0.868	0.915
	$\bar{\lambda}>1.05$		1.375	0.432

3.2.7 桁架弦杆和单系腹杆的计算长度

表 3-8 桁架弦杆和单系腹杆的计算长度 l_0

弯曲方向	弦杆	腹 杆	
		支座斜杆和支座竖杆	其他腹杆
在桁架平面内	l	l	$0.8l$
在桁架平面外	l_1	l	l
斜平面	—	l	$0.9l$

注 1. l 为构件的几何长度（节点中心间距离）；l_1 为桁架弦杆侧向支承点之间的距离。

 2. 斜平面系指与桁架平面斜交的平面，适用于构件截面两主轴均不在桁架平面内的单角钢腹杆和双角钢十字形截面腹杆。

 3. 无节点板的腹杆计算长度在任意平面内均取其等于几何长度（钢管结构除外）。

3.2.8 无侧移框架柱的计算长度系数

表 3-9 无侧移框架柱的计算长度系数 μ

K_1 / K_2	0	0.05	0.1	0.2	0.3	0.4	0.5	1	2	3	4	5	≥10
0	1.000	0.990	0.981	0.964	0.949	0.935	0.922	0.875	0.820	0.791	0.773	0.760	0.732
0.05	0.990	0.981	0.971	0.955	0.940	0.926	0.914	0.867	0.814	0.784	0.766	0.754	0.726
0.1	0.981	0.971	0.962	0.946	0.931	0.918	0.906	0.860	0.807	0.778	0.760	0.748	0.721
0.2	0.964	0.955	0.946	0.930	0.916	0.903	0.891	0.846	0.795	0.767	0.749	0.737	0.711
0.3	0.949	0.940	0.931	0.916	0.902	0.889	0.878	0.834	0.784	0.756	0.739	0.728	0.701
0.4	0.935	0.926	0.981	0.903	0.889	0.877	0.860	0.823	0.774	0.747	0.730	0.719	0.693
0.5	0.922	0.914	0.906	0.891	0.878	0.866	0.855	0.813	0.765	0.738	0.821	0.710	0.685
1	0.875	0.867	0.860	0.846	0.834	0.823	0.813	0.774	0.729	0.704	0.688	0.677	0.654
2	0.820	0.814	0.807	0.795	0.784	0.774	0.765	0.729	0.686	0.663	0.648	0.638	0.615
3	0.791	0.784	0.778	0.767	0.756	0.747	0.738	0.704	0.663	0.640	0.625	0.616	0.593
4	0.773	0.766	0.760	0.749	0.739	0.730	0.721	0.688	0.648	0.625	0.611	0.601	0.580
5	0.760	0.754	0.748	0.737	0.728	0.719	0.710	0.677	0.638	0.616	0.601	0.592	0.570
≥10	0.732	0.726	0.721	0.711	0.701	0.693	0.685	0.654	0.615	0.593	0.580	0.570	0.549

注 1. 表中的计算长度系数 μ 值系按下式算得：

$$\left[\left(\frac{\pi}{\mu}\right)^2 + 2(K_1+K_2) - 4K_1K_2\right]\frac{\pi}{\mu} \times \sin\frac{\pi}{\mu} - 2\left[(K_1+K_2)\left(\frac{\pi}{\mu}\right)^2 + 4K_1K_2\right]\cos\frac{\pi}{\mu} + 8K_1K_2 = 0$$

式中 K_1、K_2——相交于柱上端、柱下端的横梁线刚度之和与柱线刚度之和的比值。当横梁远端为铰接时，应将横梁线刚度乘以 1.5；当横梁远端为嵌固时，则将横梁线刚度乘以 2.0。

 2. 当横梁与柱铰接时，取横梁线刚度为零。

 3. 对底层框架柱：当柱与基础铰接时，取 $K_2 = 0$（对平板支座可取 $K_2 = 0.1$）；当柱与基础刚接时，取 $K_2 = 10$。

 4. 当与柱刚性连接的横梁所受轴心压力 N_b 较大时，横梁线刚度乘以折减系数 α_N：

横梁远端与柱刚接和横梁远端铰支时 $\qquad \alpha_N = 1 - N_b/N_{Eb}$

横梁远端嵌固时 $\qquad \alpha_N = 1 - N_b/(2N_{Eb})$

式中 $N_{Eb} = \pi^2 EI_b/l^2$，I_b 为横梁截面惯性矩，l 为横梁长度。

3.2.9 有侧移框架柱的计算长度系数

表 3 - 10　　　　　　　　有侧移框架柱的计算长度系数 μ

K_2 \ K_1	0	0.05	0.1	0.2	0.3	0.4	0.5	1	2	3	4	5	≥10
0	∞	6.02	4.46	3.42	3.01	2.78	2.64	2.33	2.17	2.11	2.08	2.07	2.03
0.05	6.02	4.16	3.47	2.86	2.58	2.42	2.31	2.07	1.94	1.90	1.87	1.86	1.83
0.1	4.46	3.47	3.01	2.56	2.33	2.20	2.11	1.90	1.79	1.75	1.73	1.72	1.70
0.2	3.42	2.86	2.56	2.23	2.05	1.94	1.87	1.70	1.60	1.57	1.55	1.54	1.52
0.3	3.01	2.58	2.33	2.05	1.90	1.80	1.74	1.58	1.49	1.46	1.45	1.44	1.42
0.4	2.78	2.42	2.20	1.94	1.80	1.71	1.65	1.50	1.42	1.39	1.37	1.37	1.35
0.5	2.64	2.31	2.11	1.87	1.74	1.65	1.59	1.45	1.37	1.34	1.32	1.32	1.30
1	2.33	2.07	1.90	1.70	1.58	1.50	1.45	1.32	1.24	1.21	1.20	1.19	1.17
2	2.17	1.94	1.79	1.60	1.49	1.42	1.37	1.24	1.16	1.14	1.12	1.12	1.10
3	2.11	1.90	1.75	1.57	1.46	1.39	1.34	1.21	1.14	1.11	1.10	1.09	1.07
4	2.08	1.87	1.73	1.55	1.45	1.37	1.32	1.20	1.12	1.10	1.08	1.08	1.06
5	2.07	1.86	1.72	1.54	1.44	1.37	1.32	1.19	1.12	1.09	1.08	1.07	1.05
≥10	2.03	1.83	1.70	1.52	1.42	1.35	1.30	1.17	1.10	1.07	1.06	1.05	1.03

注　1. 表中的计算长度系数 μ 值系按下式算

$$\left[36K_1K_2 - \left(\frac{\pi}{\mu}\right)^2\right]\sin\frac{\pi}{\mu} + 6(K_1+K_2)\left(\frac{\pi}{\mu}\right) \times \cos\frac{\pi}{\mu} = 0$$

式中　K_1、K_2——相交于柱上端、柱下端的横梁线刚度之和与柱线刚度之和的比值。当横梁远端为铰接时，应将横梁线刚度乘以 0.5；当横梁远端为嵌固时，则应乘以 2/3。

2. 当横梁与柱铰接时，取横梁线刚度为零。

3. 对底层框架柱：当柱与基础铰接时，取 $K_2 = 0$（对平板支座可取 $K_2 = 0.1$）；当柱与基础刚接时，取 $K_2 = 10$。

4. 当与柱刚性连接的横梁所受轴心压力 N_b 较大时，横梁线刚度乘以折减系数 α_N：

横梁远端与柱刚接　　　　　　　$\alpha_N = 1 - N_b/(4N_{Eb})$

横梁远端铰支时　　　　　　　　$\alpha_N = 1 - N_b/N_{Eb}$

横梁远端嵌固时　　　　　　　　$\alpha_N = 1 - N_b/(2N_{Eb})$

式中　$N_{Eb} = \pi^2 E I_b/l^2$，I_b 为横梁截面惯性矩，l 为横梁长度。

3.2.10 柱上端为自由的单阶柱下段的计算长度系数

表 3-11　　柱上端为自由的单阶柱下段的计算长度系数 μ_2

简　图	K_1 / η_1	0.06	0.08	0.10	0.12	0.14	0.16	0.18	0.20	0.22
	0.2	2.00	2.01	2.01	2.01	2.01	2.01	2.01	2.02	2.02
	0.3	2.01	2.02	2.02	2.02	2.03	2.03	2.03	2.04	2.04
	0.4	2.02	2.03	2.04	2.04	2.05	2.06	2.07	2.07	2.08
	0.5	2.04	2.05	2.06	2.07	2.09	2.10	2.11	2.12	2.13
	0.6	2.06	2.08	2.10	2.12	2.14	2.16	2.18	2.19	2.21
	0.7	2.10	2.13	2.16	2.18	2.21	2.24	2.26	2.29	2.31
	0.8	2.15	2.20	2.24	2.27	2.31	2.34	2.38	2.41	2.44
	0.9	2.24	2.29	2.35	2.39	2.44	2.48	2.52	2.56	2.60
	1.0	2.36	2.43	2.48	2.54	2.59	2.64	2.69	2.73	2.77
	1.2	2.69	2.76	2.83	2.89	2.95	3.01	3.07	3.12	3.17
$K_1 = \dfrac{I_1}{I_2} \times \dfrac{H_2}{H_1}$; $\eta_1 = \dfrac{H_1}{H_2}\sqrt{\dfrac{F_1}{F_2} \times \dfrac{I_2}{I_1}}$ F_1——上段柱的轴向力 F_2——下段柱的轴向力	1.4	3.07	3.14	3.22	3.29	3.36	3.42	3.48	3.55	3.61
	1.6	3.47	3.55	3.63	3.71	3.78	3.85	3.92	3.99	4.07
	1.8	3.88	3.97	4.05	4.13	4.21	4.29	4.37	4.44	4.52
	2.0	4.29	4.39	4.48	4.57	4.65	4.74	4.82	4.90	4.99
	2.2	4.71	4.81	4.91	5.00	5.10	5.19	5.28	5.37	5.46
	2.4	5.13	5.24	5.34	5.44	5.54	5.64	5.74	5.84	5.93
	2.6	5.55	5.66	5.77	5.88	5.99	6.10	6.20	6.31	6.41
	2.8	5.97	6.09	6.21	6.33	6.44	6.55	6.67	6.78	6.89
	3.0	6.39	6.52	6.64	6.77	6.89	7.01	7.13	7.25	7.37

简　图	K_1 / η_1	0.24	0.26	0.28	0.3	0.4	0.5	0.6	0.7	0.8
	0.2	2.02	2.02	2.02	2.02	2.03	2.04	2.05	2.06	2.07
	0.3	2.05	2.05	2.05	2.06	2.08	2.10	2.12	2.13	2.15
	0.4	2.09	2.09	2.10	2.11	2.14	2.18	2.21	2.25	2.28
	0.5	2.15	2.19	2.17	2.18	3.24	2.29	2.35	2.40	2.45
	0.6	2.23	2.25	2.26	2.28	2.36	2.44	2.52	2.59	2.66
	0.7	2.34	2.36	2.38	2.41	2.52	2.62	2.72	2.81	2.90
	0.8	2.47	2.50	2.53	2.56	2.70	2.82	2.94	3.06	3.16
	0.9	2.63	2.67	2.71	2.74	2.90	3.05	3.19	3.32	3.44
	1.0	2.82	2.86	2.90	2.94	3.12	3.29	3.45	3.59	3.74
	1.2	3.22	3.27	3.32	3.37	3.59	3.80	3.99	4.17	4.34
$K_1 = \dfrac{I_1}{I_2} \times \dfrac{H_2}{H_1}$; $\eta_1 = \dfrac{H_1}{H_2}\sqrt{\dfrac{F_1}{F_2} \times \dfrac{I_2}{I_1}}$ F_1——上段柱的轴向力 F_2——下段柱的轴向力	1.4	3.66	3.72	3.78	3.83	4.09	4.33	4.56	4.77	4.97
	1.6	4.12	4.18	4.25	4.31	4.61	4.88	5.14	5.38	5.62
	1.8	4.59	4.66	4.73	4.80	5.13	5.44	5.73	6.00	6.26
	2.0	5.07	5.14	5.22	5.30	5.66	6.00	6.32	6.63	6.92
	2.2	5.54	5.63	5.71	5.80	6.19	6.57	6.92	7.26	7.58
	2.4	6.03	6.12	6.21	6.30	6.73	7.14	7.52	7.89	8.24
	2.6	6.51	6.61	6.71	6.80	7.27	7.71	8.13	8.52	8.90
	2.8	6.99	7.10	7.21	7.31	7.81	8.28	8.73	9.16	9.57
	3.0	7.48	7.59	7.71	7.82	8.35	8.86	9.34	9.80	10.24

注　表中的计算长度系数 μ_2 值系按下式计算得出：

$$\eta_1 K_1 \cdot \tan\frac{\pi}{\mu_2} \cdot \tan\frac{\pi\eta_1}{\mu_2} - 1 = 0$$

3.2.11 柱上端可移动但不转动的单阶柱下段的计算长度系数

表 3-12　　柱上端可移动但不转动的单阶柱下段的计算长度系数 μ_2

简　图	K_1 \ η_1	0.06	0.08	0.10	0.12	0.14	0.16	0.18	0.20	0.22
$K_1=\dfrac{I_1}{I_2}\times\dfrac{H_2}{H_1}$; $\eta_1=\dfrac{H_1}{H_2}\sqrt{\dfrac{F_1}{F_2}\times\dfrac{I_2}{I_1}}j$ F_1——上段柱的轴向力 F_2——下段柱的轴向力	0.2	1.96	1.94	1.93	1.91	1.90	1.89	1.88	1.86	1.85
	0.3	1.96	1.94	1.93	1.92	1.91	1.89	1.88	1.87	1.86
	0.4	1.96	1.95	1.94	1.92	1.91	1.90	1.89	1.88	1.87
	0.5	1.96	1.95	1.94	1.93	1.92	1.91	1.90	1.89	1.88
	0.6	1.97	1.96	1.95	1.94	1.93	1.92	1.91	1.90	1.90
	0.7	1.97	1.97	1.96	1.95	1.94	1.94	1.93	1.92	1.92
	0.8	1.98	1.98	1.97	1.96	1.96	1.95	1.95	1.94	1.94
	0.9	1.99	1.99	1.98	1.98	1.98	1.97	1.97	1.97	1.97
	1.0	2.00	2.00	2.00	2.00	2.00	2.00	2.00	2.00	2.00
	1.2	2.03	2.04	2.04	2.05	2.06	2.07	2.07	2.08	2.08
	1.4	2.07	2.09	2.11	2.12	2.14	2.16	2.17	2.18	2.20
	1.6	2.13	2.16	2.19	2.22	2.25	2.27	2.30	2.32	2.34
	1.8	2.22	2.27	2.31	2.35	2.39	2.42	2.45	2.48	2.50
	2.0	2.35	2.41	2.46	2.50	2.55	2.59	2.62	2.66	2.69
	2.2	2.51	2.57	2.63	2.68	2.73	2.77	2.81	2.85	2.89
	2.4	2.68	2.75	2.81	2.87	2.92	2.97	3.01	3.05	3.09
	2.6	2.87	2.94	3.00	3.06	3.12	3.17	3.22	3.27	3.31
	2.8	3.06	3.14	3.20	3.27	3.33	3.38	3.43	3.48	3.53
	3.0	3.26	3.34	3.41	3.47	3.54	3.60	3.65	3.70	3.75

简　图	K_1 \ η_1	0.24	0.26	0.28	0.3	0.4	0.5	0.6	0.7	0.8
$K_1=\dfrac{I_1}{I_2}\times\dfrac{H_2}{H_1}$; $\eta_1=\dfrac{H_1}{H_2}\sqrt{\dfrac{F_1}{F_2}\times\dfrac{I_2}{I_1}}j$ F_1——上段柱的轴向力 F_2——下段柱的轴向力	0.2	1.84	1.83	1.82	1.81	1.76	1.72	1.68	1.65	1.62
	0.3	1.85	1.84	1.83	1.82	1.77	1.73	1.70	1.66	1.63
	0.4	1.86	1.85	1.84	1.83	1.79	1.75	1.72	1.68	1.66
	0.5	1.87	1.86	1.85	1.85	1.81	1.77	1.74	1.71	1.69
	0.6	1.89	1.88	1.87	1.87	1.83	1.80	1.78	1.75	1.73
	0.7	1.91	1.90	1.90	1.89	1.86	1.84	1.82	1.80	1.78
	0.8	1.93	1.93	1.93	1.92	1.90	1.88	1.87	1.86	1.84
	0.9	1.96	1.96	1.96	1.96	1.95	1.94	1.93	1.92	1.92
	1.0	2.00	2.00	2.00	2.00	2.00	2.00	2.00	2.00	2.00
	1.2	2.09	2.10	2.10	2.11	2.13	2.15	2.17	2.18	2.20
	1.4	2.21	2.22	2.23	2.24	2.29	2.33	2.37	2.40	2.42
	1.6	2.36	2.37	2.39	2.41	2.48	2.54	2.59	2.63	2.67
	1.8	2.53	2.55	2.57	2.59	2.69	2.76	2.83	2.88	2.93
	2.0	2.72	2.75	2.77	2.80	2.91	3.00	3.08	3.14	3.20
	2.2	2.92	2.95	2.98	3.01	3.14	3.25	3.33	3.41	3.47
	2.4	3.13	3.17	3.20	3.24	3.38	3.50	3.59	3.68	3.75
	2.6	3.35	3.39	3.43	3.46	3.62	3.75	3.86	3.95	4.03
	2.8	3.58	3.62	3.66	3.70	3.87	4.01	4.13	4.23	4.32
	3.0	3.80	3.85	3.89	3.93	4.12	4.27	4.40	4.51	4.61

注　表中的计算长度系数 μ_2 值系按下式计算得出：

$$\tan\frac{\pi\eta_1}{\mu_2}+\eta_1 K_1\cdot\tan\frac{\pi}{\mu_2}=0$$

3.2.12 柱上端为自由的双阶柱下段的计算长度系数

表 3-13　　　　柱上端为自由的双阶柱下段的计算长度系数 μ_3

简图:

$$K_1 = \frac{I_1}{I_2} \cdot \frac{H_3}{H_1}$$

$$K_2 = \frac{I_2}{I_3} \cdot \frac{H_3}{H_2}$$

$$\eta = \frac{H_1}{H_3}\sqrt{\frac{N_1}{N_3} \cdot \frac{I_3}{I_1}}$$

$$\eta_1 = \frac{H_2}{H_3}\sqrt{\frac{N_2}{N_3} \cdot \frac{I_3}{I_2}}$$

N_1——上段柱的轴心力
N_2——中段柱的轴心力
N_3——下段柱的轴心力

η_1	η_2	K_1=0.05										
	K_2	0.2	0.3	0.4	0.5	0.6	0.7	0.8	0.9	1.0	1.1	1.2
0.2	0.2	2.02	2.03	2.04	2.05	2.05	2.06	2.07	2.08	2.09	2.1	2.1
	0.4	2.08	2.11	2.15	2.19	2.22	2.25	2.29	2.32	2.35	2.39	2.12
	0.6	2.20	2.29	2.37	2.45	2.52	2.60	2.67	2.73	2.80	2.87	2.93
	0.8	2.42	2.57	2.71	2.83	2.95	3.06	3.17	3.27	3.37	3.17	3.56
	1.0	2.75	2.95	3.13	3.30	3.45	3.60	3.74	3.87	4.00	4.13	4.25
	1.2	3.13	3.38	3.60	3.80	4.00	4.18	4.35	4.51	4.67	4.82	4.97
0.4	0.2	2.04	2.05	2.05	2.06	2.07	2.08	2.09	2.09	2.10	2.11	2.12
	0.4	2.10	2.14	2.17	2.20	2.24	2.27	2.31	2.34	2.37	2.40	2.43
	0.6	2.24	2.32	2.40	2.47	2.54	2.65	2.68	2.75	2.82	2.88	2.91
	0.8	2.47	2.60	2.73	2.85	2.97	3.08	3.19	3.29	3.38	3.48	3.57
	1.0	2.79	2.98	3.15	3.32	3.47	3.62	3.75	3.89	4.02	4.11	4.26
	1.2	3.18	3.41	3.62	3.82	4.01	4.19	4.36	4.52	4.68	4.83	4.98
0.6	0.2	2.09	2.09	2.10	2.10	2.11	2.12	2.12	2.13	2.14	2.15	2.15
	0.4	2.17	2.19	2.22	2.25	2.28	2.31	2.34	2.38	2.41	2.44	2.47
	0.6	2.32	2.38	2.45	2.52	2.59	2.66	2.72	2.79	2.85	2.91	2.97
	0.8	2.56	2.67	2.79	2.90	3.01	3.11	3.22	3.32	3.41	3.50	3.60
	1.0	2.88	3.04	3.20	3.36	3.50	3.65	3.78	3.91	4.04	4.16	4.26
	1.2	3.26	3.46	3.66	3.86	4.04	4.22	4.38	4.55	4.70	4.85	5.00
0.8	0.2	2.29	2.24	2.22	2.21	2.21	2.22	2.22	2.22	2.23	2.23	2.24
	0.4	2.37	2.34	2.34	2.36	2.38	2.4	2.43	2.45	2.48	2.51	2.54
	0.6	2.52	2.52	2.56	2.61	2.67	2.73	2.79	2.85	2.91	2.96	3.02
	0.8	2.74	2.79	2.88	2.98	3.08	3.17	3.27	3.36	3.46	3.55	3.63
	1.0	3.04	3.15	3.28	3.42	3.56	3.69	3.82	3.95	4.07	4.19	4.31
	1.2	3.39	3.55	3.73	3.91	4.08	4.25	4.42	4.58	4.73	4.88	5.02
1.0	0.2	2.69	2.57	2.51	2.48	2.46	2.45	2.45	2.44	2.44	2.44	2.44
	0.4	2.75	2.64	2.60	2.59	2.59	2.59	2.60	2.62	2.63	2.65	2.67
	0.6	2.86	2.78	2.77	2.79	2.83	2.87	2.91	2.96	3.01	3.06	3.10
	0.8	3.04	3.01	3.05	3.11	3.19	3.27	3.35	3.44	3.52	3.61	3.69
	1.0	3.29	3.32	3.41	3.52	3.64	3.76	3.89	4.01	4.13	4.24	4.35
	1.2	3.6	3.69	3.83	3.99	4.15	4.31	4.47	4.62	4.77	4.92	5.06

简 图		K_1					0.05						
	η_1	η_2 K_2	0.2	0.3	0.4	0.5	0.6	0.7	0.8	0.9	1.0	1.1	1.2
	1.2	0.2	3.16	3.00	2.92	2.87	2.84	2.81	2.80	2.79	2.78	2.77	2.77
		0.4	3.21	3.05	2.98	2.94	2.92	2.90	2.90	2.90	2.90	2.91	2.92
		0.6	3.30	3.15	3.10	3.08	3.08	3.10	3.12	3.15	3.18	3.22	3.26
		0.8	3.43	3.32	3.30	3.33	3.37	3.43	3.49	3.56	3.63	3.71	3.78
		1.0	3.62	3.57	3.60	3.68	3.77	3.87	3.98	4.09	4.20	4.31	4.42
		1.2	3.88	3.88	3.98	4.11	4.25	4.39	4.54	4.68	4.83	4.97	5.10
	1.4	0.2	3.66	3.46	3.36	3.29	3.25	3.23	3.2	3.19	3.18	3.17	3.16
		0.4	3.7	3.5	3.4	3.35	3.31	3.29	3.27	3.26	3.26	3.26	3.26
		0.6	3.77	3.58	3.49	3.45	3.43	3.42	3.42	3.43	3.45	3.47	3.49
		0.8	3.87	3.7	3.64	3.63	3.64	3.67	3.7	3.75	3.81	3.86	3.92
		1.0	4.02	3.89	3.87	3.90	3.96	4.04	4.12	4.22	4.31	4.41	4.51
		1.2	4.23	4.15	4.19	4.27	4.39	4.51	4.64	4.77	4.91	5.04	5.17

$K_1 = \dfrac{I_1}{I_2} \cdot \dfrac{H_3}{H_1}$

$K_2 = \dfrac{I_2}{I_3} \cdot \dfrac{H_3}{H_2}$

$\eta = \dfrac{H_1}{H_3} \sqrt{\dfrac{N_1}{N_3} \cdot \dfrac{I_3}{I_1}}$

$\eta = \dfrac{H_2}{H_3} \sqrt{\dfrac{N_2}{N_3} \cdot \dfrac{I_3}{I_2}}$

N_1——上段柱的轴心力

N_2——中段柱的轴心力

N_3——下段柱的轴心力

		K_1					0.10						
	η_1	η_2 K_2	0.2	0.3	0.4	0.5	0.6	0.7	0.8	0.9	1.0	1.1	1.2
	0.2	0.2	2.03	2.03	2.04	2.05	2.06	2.07	2.08	2.08	2.09	2.1	2.11
		0.4	2.09	2.12	2.16	2.19	2.23	2.26	2.29	2.33	2.36	2.39	2.42
		0.6	2.21	2.3	2.38	2.46	2.53	2.60	2.67	2.74	2.81	2.87	2.93
		0.8	2.44	2.58	2.7	2.84	2.96	3.07	3.17	3.28	3.37	3.47	3.56
		1.0	2.76	2.96	3.14	3.30	3.46	3.60	3.74	3.88	4.01	4.13	4.25
		1.2	3.15	3.39	3.61	3.81	4.00	4.18	4.35	4.52	4.68	4.83	4.98
	0.4	0.2	2.07	2.07	2.08	2.08	2.09	2.10	2.11	2.12	2.12	2.13	2.14
		0.4	2.14	2.17	2.20	2.23	2.26	2.30	2.33	2.36	2.39	2.42	2.46
		0.6	2.28	2.36	2.43	2.50	2.57	2.64	2.71	2.77	2.84	2.90	2.96
		0.8	2.53	2.65	2.77	2.88	3.00	3.10	3.21	3.31	3.40	3.50	3.59
		1.0	2.85	3.02	3.19	3.34	3.49	3.64	3.77	3.91	4.03	4.16	4.28
		1.2	3.24	3.45	3.65	3.85	4.03	4.21	4.38	4.54	4.70	4.85	4.99
	0.6	0.2	2.22	2.19	2.18	2.17	2.18	2.18	2.19	2.19	2.20	2.20	2.21
		0.4	2.31	2.30	2.31	2.33	2.35	2.38	2.41	2.44	2.47	2.49	2.52
		0.6	2.48	2.49	2.54	2.60	2.66	2.72	2.78	2.84	2.90	2.96	3.02
		0.8	2.72	2.78	2.87	2.97	3.07	3.17	3.27	3.36	3.46	3.55	3.64
		1.0	3.04	3.15	3.28	3.42	3.56	3.70	3.83	3.95	4.08	4.20	4.31
		1.2	3.40	3.56	3.74	3.91	4.09	4.26	4.42	4.58	4.73	4.88	5.03

简图	K_1		0.10										
	K_2		0.2	0.3	0.4	0.5	0.6	0.7	0.8	0.9	1.0	1.1	1.2
	η_1	η_2											
	0.8	0.2	2.63	2.49	2.43	2.40	2.38	2.37	2.37	2.36	2.36	2.37	2.37
		0.4	2.71	2.59	2.55	2.54	2.54	2.55	2.57	2.59	2.61	2.63	2.65
		0.6	2.86	2.76	2.76	2.78	2.82	2.86	2.91	2.96	3.01	3.07	3.12
		0.8	3.06	3.02	3.06	3.13	3.20	3.29	3.37	3.46	3.54	3.63	3.71
		1.0	3.33	3.35	3.44	3.55	3.67	3.79	3.90	4.03	4.15	4.26	4.37
		1.2	3.65	3.73	3.86	4.02	4.18	4.34	4.49	4.64	4.79	4.94	5.08
	1.0	0.2	3.18	2.95	2.84	2.77	2.73	2.7	2.68	2.67	2.66	2.65	2.65
		0.4	3.24	3.03	2.93	2.88	2.85	2.84	2.84	2.84	2.85	2.86	2.87
		0.6	3.36	3.16	3.09	3.07	3.08	3.09	3.12	3.15	3.19	3.23	3.27
		0.8	3.52	3.37	3.34	3.36	3.41	3.46	3.53	3.60	3.67	3.75	3.82
		1.0	3.74	3.64	3.67	3.74	3.83	3.93	4.03	4.14	4.25	4.35	4.46
		1.2	4.00	3.97	4.05	4.17	4.31	4.45	4.59	4.73	4.87	5.01	5.14
	1.2	0.2	3.77	3.47	3.32	3.23	3.17	3.12	3.09	3.07	3.05	3.04	3.03
		0.4	3.82	3.53	3.39	3.31	3.26	3.22	3.20	3.19	3.19	3.19	3.19
		0.6	3.91	3.64	3.51	3.45	3.42	3.42	3.42	3.43	3.45	3.48	3.50
		0.8	4.04	3.80	3.71	3.68	3.69	3.72	3.76	3.81	3.86	3.92	3.98
		1.0	4.21	4.02	3.97	3.99	4.05	4.12	4.2	4.29	4.39	4.48	4.58
		1.2	4.43	4.3	4.31	4.38	4.48	4.60	4.72	4.85	4.98	5.11	5.24
	1.4	0.2	4.37	4.01	3.82	3.71	3.63	3.58	3.54	3.51	3.49	3.47	3.45
		0.4	4.41	4.06	3.88	3.77	3.70	3.66	3.63	3.60	3.59	3.58	3.57
		0.6	4.48	4.15	3.98	3.89	3.83	3.80	3.79	3.78	3.79	3.80	3.81
		0.8	4.59	4.28	4.13	4.07	4.04	4.04	4.06	4.08	4.12	4.16	4.21
		1.0	4.74	4.45	4.35	4.32	4.34	4.38	4.43	4.50	4.58	4.66	4.74
		1.2	4.92	4.69	4.63	4.65	4.72	4.80	4.90	5.10	5.13	5.24	5.36

左栏公式与说明：

$$K_1 = \frac{I_1}{I_2} \cdot \frac{H_3}{H_1}$$

$$K_2 = \frac{I_2}{I_3} \cdot \frac{H_3}{H_2}$$

$$\eta_1 = \frac{H_1}{H_3}\sqrt{\frac{N_1}{N_3} \cdot \frac{I_3}{I_1}}$$

$$\eta_1 = \frac{H_2}{H_3}\sqrt{\frac{N_2}{N_3} \cdot \frac{I_3}{I_2}}$$

N_1——上段柱的轴心力

N_2——中段柱的轴心力

N_3——下段柱的轴心力

	K_1		0.20										
	K_2		0.2	0.3	0.4	0.5	0.6	0.7	0.8	0.9	1.0	1.1	1.2
	η_1	η_2											
	0.2	0.2	2.04	2.04	2.05	2.06	2.07	2.08	2.08	2.09	2.10	2.11	2.12
		0.4	2.10	2.13	2.17	2.20	2.24	2.27	2.30	2.34	2.37	2.40	2.43
		0.6	2.23	2.31	2.39	2.47	2.54	2.61	2.68	2.75	2.82	2.88	2.94
		0.8	2.46	2.60	2.73	2.85	2.97	3.08	3.18	3.29	3.38	3.48	3.57
		1.0	2.79	2.98	3.15	3.32	3.47	3.61	3.75	3.89	4.02	4.14	4.26
		1.2	3.18	3.41	3.62	3.82	4.01	4.19	4.36	4.52	4.68	4.83	4.98

简 图	η_1	K_1 = 0.20 K_2 / η_2	0.2	0.3	0.4	0.5	0.6	0.7	0.8	0.9	1.0	1.1	1.2
	0.4	0.2	2.15	2.13	2.13	2.14	2.14	2.15	2.15	2.16	2.17	2.17	2.18
		0.4	2.24	2.24	2.26	2.29	2.32	2.35	2.38	2.41	2.44	2.47	2.50
		0.6	2.40	2.44	2.50	2.56	2.63	2.69	2.76	2.82	2.88	2.94	3.00
		0.8	2.66	2.74	2.84	2.95	3.05	3.15	3.25	3.35	3.44	3.53	3.62
		1.0	2.98	3.12	3.25	3.40	3.54	3.68	3.81	3.94	4.07	4.19	4.30
		1.2	3.35	3.53	3.71	3.90	4.08	4.25	4.41	4.57	4.73	4.87	5.02
	0.6	0.2	2.57	2.42	2.37	2.34	2.33	2.32	2.32	2.32	2.32	2.32	2.33
		0.4	2.67	2.54	2.50	2.50	2.51	2.52	2.54	2.56	2.58	2.61	2.63
		0.6	2.83	2.74	2.73	2.76	2.80	2.85	2.90	2.96	3.01	3.06	3.12
		0.8	3.06	3.01	3.05	3.12	3.20	3.29	3.38	3.46	3.55	3.63	3.72
		1.0	3.34	3.35	3.44	3.56	3.68	3.80	3.92	4.04	4.15	4.27	4.38
		1.2	3.67	3.74	3.88	4.03	4.19	4.35	4.50	4.65	4.80	4.94	5.08
$K_1 = \dfrac{I_1}{I_2} \cdot \dfrac{H_3}{H_1}$ $K_2 = \dfrac{I_2}{I_3} \cdot \dfrac{H_3}{H_2}$ $\eta_1 = \dfrac{H_1}{H_3}\sqrt{\dfrac{N_1}{N_3} \cdot \dfrac{I_3}{I_1}}$ $\eta_1 = \dfrac{H_2}{H_3}\sqrt{\dfrac{N_2}{N_3} \cdot \dfrac{I_3}{I_2}}$ N_1——上段柱的轴心力 N_2——中段柱的轴心力 N_3——下段柱的轴心力	0.8	0.2	3.25	2.96	2.82	2.74	2.69	2.66	2.64	2.62	2.61	2.61	2.60
		0.4	3.33	3.05	2.93	2.87	2.84	2.83	2.83	2.83	2.84	2.85	2.87
		0.6	3.45	3.21	3.12	3.10	3.10	3.12	3.14	3.18	3.22	3.26	3.30
		0.8	3.63	3.44	3.39	3.41	3.45	3.51	3.57	3.64	3.71	3.79	3.86
		1.0	3.86	3.73	3.73	3.80	3.88	3.98	4.08	4.18	4.29	4.39	4.50
		1.2	4.13	4.07	4.13	4.24	4.36	4.50	4.64	4.78	4.91	5.05	5.18
	1.0	0.2	4.00	3.60	3.39	3.26	3.18	3.13	3.08	3.05	3.03	3.01	3.00
		0.4	4.06	3.67	3.48	3.37	3.30	3.26	3.23	3.21	3.21	3.20	3.20
		0.6	4.15	3.79	3.63	3.54	3.50	3.48	3.49	3.50	3.51	3.54	3.57
		0.8	4.29	3.97	3.84	3.80	3.79	3.81	3.85	3.90	3.95	4.01	4.07
		1.0	4.48	4.21	4.13	4.13	4.17	4.23	4.31	4.39	4.48	4.57	4.66
		1.2	4.70	4.49	4.47	4.52	4.60	4.71	4.82	4.94	5.07	5.19	5.31
	1.2	0.2	4.76	4.26	4.00	3.83	3.72	3.65	3.59	3.54	3.51	3.48	3.46
		0.4	4.81	4.32	4.07	3.91	3.82	3.75	3.70	3.67	3.65	3.63	3.62
		0.6	4.89	4.43	4.19	4.05	3.98	3.93	3.91	3.89	3.89	3.90	3.91
		0.8	5.00	4.57	4.36	4.26	4.21	4.20	4.21	4.23	4.26	4.30	4.34
		1.0	5.15	4.76	4.59	4.53	4.53	4.55	4.60	4.66	4.73	4.80	4.88
		1.2	5.34	5.00	4.88	4.87	4.91	4.98	5.07	5.17	5.27	5.38	5.49

简图	K₁	0.20										
	K₂											
	η₂ η₁	0.2	0.3	0.4	0.5	0.6	0.7	0.8	0.9	1.0	1.1	1.2
	1.4 — 0.2	5.53	4.94	4.62	4.42	4.29	4.19	4.12	4.06	4.02	3.98	3.95
	0.4	5.57	4.99	4.68	4.49	4.36	4.27	4.21	4.16	4.13	4.10	4.08
	0.6	5.64	5.07	4.78	4.60	4.49	4.42	4.38	4.35	4.33	4.32	4.32
	0.8	5.74	5.19	4.92	4.77	4.69	4.64	4.62	4.62	4.63	4.65	4.67
	1.0	5.86	5.35	5.12	5.00	4.95	4.94	4.96	4.99	5.03	5.09	5.15
	1.2	6.02	5.55	5.36	5.29	5.28	5.31	5.37	5.44	5.52	5.61	5.71

$$K_1 = \frac{I_1}{I_2} \cdot \frac{H_3}{H_1}$$

$$K_2 = \frac{I_2}{I_3} \cdot \frac{H_3}{H_2}$$

$$\eta_1 = \frac{H_1}{H_3}\sqrt{\frac{N_1}{N_3} \cdot \frac{I_3}{I_1}}$$

$$\eta_2 = \frac{H_2}{H_3}\sqrt{\frac{N_2}{N_3} \cdot \frac{I_3}{I_2}}$$

N_1——上段柱的轴心力

N_2——中段柱的轴心力

N_3——下段柱的轴心力

K₁	0.30										
K₂											
η₂ η₁	0.2	0.3	0.4	0.5	0.6	0.7	0.8	0.9	1.0	1.1	1.2
0.2 — 0.2	2.05	2.05	2.06	2.07	2.08	2.09	2.09	2.10	2.11	2.12	2.13
0.4	2.12	2.15	2.18	2.21	2.25	2.28	2.31	2.35	2.38	2.41	2.44
0.6	2.25	2.33	2.41	2.48	2.56	2.63	2.69	2.76	2.83	2.89	2.95
0.8	2.49	2.62	2.75	2.87	2.98	3.09	3.20	3.30	3.39	3.49	3.58
1.0	3.82	3.00	3.17	3.33	3.48	3.63	3.76	3.90	4.02	4.15	4.27
1.2	3.20	3.43	3.64	3.83	4.02	4.20	4.37	4.53	4.69	4.84	4.99
0.4 — 0.2	2.26	2.21	2.20	2.19	2.19	2.20	2.20	2.21	2.21	2.22	2.23
0.4	2.36	2.33	2.33	2.35	2.38	2.40	2.43	2.46	2.49	2.51	2.54
0.6	2.54	2.54	2.58	2.63	2.69	2.75	2.81	2.87	2.93	2.99	3.04
0.8	2.79	2.83	2.91	3.01	3.10	3.20	3.30	3.39	3.49	3.57	3.66
1.0	3.11	3.20	3.32	3.46	3.59	3.72	3.85	3.98	4.10	4.22	4.33
1.2	3.47	3.60	3.77	3.95	4.12	4.28	4.45	4.60	4.75	4.90	5.04
0.6 — 0.2	2.93	2.68	2.57	2.52	2.49	2.47	2.46	2.45	2.45	2.45	2.45
0.4	3.02	2.79	2.71	2.67	2.66	2.66	2.67	2.69	2.70	2.72	2.74
0.6	3.17	2.98	2.93	2.93	2.95	2.98	3.02	3.07	3.11	3.16	3.21
0.8	4.37	3.24	3.23	3.27	3.33	3.41	3.48	3.56	3.64	3.72	3.80
1.0	3.63	3.56	3.60	3.69	3.79	3.90	4.01	4.12	4.23	4.34	4.45
1.2	3.94	3.92	4.02	4.15	4.29	4.43	4.58	4.72	4.87	5.01	5.14
0.8 — 0.2	3.78	3.38	3.18	3.06	2.98	2.93	2.89	2.86	2.84	2.83	2.82
0.4	3.85	3.47	3.28	3.18	3.12	3.09	3.07	3.06	3.06	3.06	3.06
0.6	3.96	3.61	3.46	3.39	3.36	3.35	3.36	3.38	3.41	3.44	3.47
0.8	4.12	3.82	3.70	3.67	3.68	3.72	3.76	3.82	3.88	3.94	4.01
1.0	4.32	4.07	4.01	4.03	4.08	4.16	4.24	4.33	4.43	4.52	4.62
1.2	4.57	4.38	4.38	4.44	4.54	4.66	4.78	4.90	5.03	5.16	5.29

简 图	K_1	0.30										
	K_2 η_2 η_1	0.2	0.3	0.4	0.5	0.6	0.7	0.8	0.9	1.0	1.1	1.2
	1.0 0.2	4.68	4.15	3.86	3.69	3.57	3.49	3.43	3.38	3.35	3.32	3.3
	0.4	4.73	4.21	3.94	3.78	3.68	3.61	3.57	3.54	3.51	3.50	3.49
	0.6	4.82	4.33	4.08	3.95	3.87	3.83	3.80	3.80	3.80	3.81	3.83
	0.8	4.94	4.49	4.28	4.18	4.14	4.13	4.14	4.17	4.20	4.25	4.29
	1.0	5.10	4.70	4.53	4.48	4.48	4.51	4.56	4.62	4.70	4.77	4.85
	1.2	5.30	4.95	4.84	4.83	4.88	4.96	5.05	5.15	5.26	5.37	5.48
	1.2 0.2	5.58	4.93	4.57	4.35	4.20	4.1	4.01	3.95	3.90	3.86	3.83
	0.4	5.62	4.98	4.64	4.43	4.29	4.19	4.12	4.07	4.03	4.01	3.98
	0.6	5.70	5.08	4.75	4.56	4.44	4.37	4.32	4.29	4.27	4.26	4.26
	0.8	5.80	5.21	4.91	4.75	4.66	4.61	4.59	4.59	4.60	4.62	4.65
	1.0	5.93	5.38	5.12	5.00	4.95	4.94	4.95	4.99	5.03	5.09	5.15
	1.2	6.10	5.59	5.38	5.31	5.30	5.33	5.39	5.46	5.54	5.63	5.73
	1.4 0.2	6.49	5.72	5.30	5.03	4.85	4.72	4.62	4.54	4.48	4.43	4.38
	0.4	6.53	5.77	5.35	5.10	4.93	4.80	4.71	4.64	4.59	4.55	4.51
	0.6	6.59	5.85	5.45	5.21	5.05	4.95	4.87	4.82	4.78	4.76	4.74
	0.8	6.68	5.96	5.59	5.37	5.24	5.15	5.10	5.08	5.06	5.06	5.07
	1.0	6.79	6.10	5.76	5.58	5.48	5.43	5.41	5.41	5.44	5.47	5.51
	1.2	6.93	6.28	5.98	5.84	5.78	5.76	5.79	5.83	5.89	5.95	6.03

简图栏公式：

$$K_1 = \frac{I_1}{I_2} \cdot \frac{H_3}{H_1}$$

$$K_2 = \frac{I_2}{I_3} \cdot \frac{H_3}{H_2}$$

$$\eta_1 = \frac{H_1}{H_3} \sqrt{\frac{N_1}{N_3} \cdot \frac{I_3}{I_1}}$$

$$\eta_1 = \frac{H_2}{H_3} \sqrt{\frac{N_2}{N_3} \cdot \frac{I_3}{I_2}}$$

N_1——上段柱的轴心力

N_2——中段柱的轴心力

N_3——下段柱的轴心力

注 表中的计算长度系数 μ_3 值系按下式算得：

$$\frac{\eta_1 K_1}{\eta_2 K_2} \cdot \tan\frac{\pi\eta_1}{\mu_3} \cdot \tan\frac{\pi\eta_2}{\mu_3} + \eta_1 K_1 \cdot \tan\frac{\pi\eta_1}{\mu_3} \cdot \tan\frac{\pi}{\mu_3} + \eta_2 K_2 \cdot \tan\frac{\pi\eta_2}{\mu_3} \cdot \tan\frac{\pi}{\mu_3} - 1 = 0$$

3.2.13 柱顶可移动但不转动的双阶柱下段计算长度系数

表 3-14 　　　　　　　柱顶可移动但不转动的双阶柱下段计算长度系数 μ_3

简　图	η_2	η_1	K_1					0.05					
			K_2	0.2	0.3	0.4	0.5	0.6	0.7	0.8	0.9	1.0	1.1	1.2
	0.2	0.2		1.99	1.99	2.0	2.0	2.01	2.02	2.02	2.03	2.04	2.05	2.06
		0.4		2.03	2.06	2.09	2.12	2.16	2.19	2.22	2.25	2.29	2.32	2.35
		0.6		2.12	2.20	2.28	2.36	2.43	2.50	2.57	2.64	2.71	2.77	2.83
		0.8		2.28	2.43	2.57	2.70	2.82	2.94	3.04	3.15	3.25	3.34	3.43
		1.0		2.53	2.76	2.96	3.13	3.29	3.44	3.29	3.72	3.85	3.98	4.10
		1.2		2.86	3.15	3.39	3.61	3.80	3.99	4.16	4.33	4.49	4.64	4.79
	0.4	0.2		1.99	1.99	2	2.01	2.01	2.02	2.03	2.04	2.04	2.05	2.06
		0.4		2.03	2.06	2.09	2.13	2.16	2.19	2.23	2.26	2.29	2.32	2.35
		0.6		2.12	2.2	2.28	2.36	2.44	2.51	2.58	2.64	2.71	2.77	2.84
		0.8		2.29	2.44	2.58	2.71	2.83	2.94	3.05	3.15	3.25	3.35	3.44
		1.0		2.54	2.77	2.96	3.14	3.30	3.45	3.59	3.73	3.85	3.98	4.10
		1.2		2.87	3.15	3.40	2.61	3.81	3.99	4.17	4.33	4.49	4.65	4.79
	0.6	0.2		1.99	1.98	2	2.01	2.02	2.03	2.04	2.04	2.05	2.06	2.07
		0.4		2.04	2.07	2.10	2.14	2.17	2.20	2.23	2.27	2.30	2.33	2.36
		0.6		2.13	2.21	2.29	2.37	2.45	2.52	2.59	2.65	2.72	2.78	2.84
		0.8		2.3	2.45	2.59	2.72	2.84	2.95	3.06	3.16	3.26	3.35	3.44
		1.0		2.56	2.78	2.97	3.15	3.31	3.46	3.60	3.73	3.86	3.99	4.11
		1.2		2.89	3.17	3.41	3.62	3.82	4.0	4.17	4.34	4.50	4.65	4.80
	0.8	0.2		2.00	2.01	2.02	2.02	2.03	2.04	2.05	2.05	2.06	2.07	2.08
		0.4		2.05	2.08	2.12	2.15	2.18	2.21	2.25	2.28	2.31	2.34	2.37
		0.6		2.15	2.23	2.31	2.39	2.46	2.53	2.60	2.67	2.73	2.79	2.85
		0.8		2.32	2.47	2.61	2.73	2.85	2.96	3.07	3.17	3.27	3.36	3.45
		1.0		2.59	2.80	2.99	3.16	3.32	3.47	3.61	3.74	3.87	3.99	4.11
		1.2		2.92	3.19	3.42	3.63	3.83	4.01	4.18	4.35	4.51	4.66	4.81
	1.0	0.2		2.02	2.02	2.03	2.04	2.05	2.05	2.06	2.07	2.08	2.09	2.09
		0.4		2.07	2.10	2.14	2.17	2.20	2.23	2.26	2.60	2.33	2.36	2.39
		0.6		2.17	2.26	2.33	2.41	2.48	2.55	2.62	2.68	2.75	2.81	2.87
		0.8		2.36	2.50	2.63	2.76	2.87	2.98	3.08	3.19	3.28	3.38	3.47
		1.0		2.62	2.83	3.01	3.18	3.34	3.48	3.62	3.75	3.88	4.01	4.12
		1.2		2.95	3.21	3.44	3.65	3.82	4.02	4.20	4.36	4.52	4.67	4.81

$$K_1 = \frac{I_1}{I_2} \cdot \frac{H_3}{H_1}$$

$$K_2 = \frac{I_2}{I_3} \cdot \frac{H_3}{H_2}$$

$$\eta_1 = \frac{H_1}{H_3} \sqrt{\frac{N_1}{N_3} \cdot \frac{I_3}{I_1}}$$

$$\eta_1 = \frac{H_2}{H_3} \sqrt{\frac{N_2}{N_3} \cdot \frac{I_3}{I_2}}$$

N_1——上段柱的轴心力

N_2——中段柱的轴心力

N_3——下段柱的轴心力

简 图	K₁		0.05										
	η_1	η_2 \ K₂	0.2	0.3	0.4	0.5	0.6	0.7	0.8	0.9	1.0	1.1	1.2
	1.2	0.2	2.04	2.05	2.06	2.06	2.07	2.08	2.09	2.09	2.10	2.11	2.12
		0.4	2.10	2.13	2.17	2.20	2.23	2.26	2.29	2.32	2.35	2.38	2.41
		0.6	2.22	2.29	2.37	2.44	2.51	2.58	2.64	2.71	2.77	2.83	2.89
		0.8	2.41	2.54	2.67	2.78	2.90	3.00	3.11	3.20	3.30	3.39	3.48
		1.0	2.68	2.87	3.04	3.21	3.36	3.50	3.64	3.77	3.90	4.02	4.14
		1.2	3.00	3.25	3.47	3.67	3.86	4.04	4.21	4.37	4.53	4.68	4.83
	1.4	0.2	2.10	2.10	2.10	2.11	2.11	2.12	2.13	2.13	2.14	2.15	2.15
		0.4	2.17	2.19	2.21	2.24	2.27	2.30	2.33	2.36	2.39	2.41	2.44
		0.6	2.29	2.35	2.41	2.48	2.55	2.61	2.67	2.74	2.80	2.86	2.91
		0.8	2.48	2.60	2.71	2.82	2.93	3.03	3.13	3.23	3.32	3.41	3.50
		1.0	2.74	2.92	3.08	3.24	3.39	3.53	3.66	3.79	3.92	4.04	4.15
		1.2	3.06	3.29	3.50	3.70	3.89	4.06	4.23	4.39	4.55	4.70	4.84

$$K_1 = \frac{I_1}{I_2} \cdot \frac{H_3}{H_1}$$

$$K_2 = \frac{I_2}{I_3} \cdot \frac{H_3}{H_2}$$

$$\eta_1 = \frac{H_1}{H_3}\sqrt{\frac{N_1}{N_3} \cdot \frac{I_3}{I_1}}$$

$$\eta_1 = \frac{H_2}{H_3}\sqrt{\frac{N_2}{N_3} \cdot \frac{I_3}{I_2}}$$

N_1——上段柱的轴心力

N_2——中段柱的轴心力

N_3——下段柱的轴心力

	K₁		0.10										
	η_1	η_2 \ K₂	0.2	0.3	0.4	0.5	0.6	0.7	0.8	0.9	1.0	1.1	1.2
	0.2	0.2	1.96	1.96	1.97	1.97	1.98	1.98	1.99	2.00	2.00	2.01	2.02
		0.4	2.0	2.02	2.05	2.08	2.11	2.14	2.17	2.20	2.23	2.26	2.29
		0.6	2.07	2.14	2.22	2.29	2.36	2.43	2.50	2.56	2.63	2.69	2.75
		0.8	2.20	2.35	2.48	2.61	2.73	2.84	2.94	3.05	3.14	3.24	3.33
		1.0	2.41	2.64	2.83	3.01	3.17	3.32	3.46	3.59	3.72	3.85	3.97
		1.2	2.7	2.99	3.23	3.45	3.65	3.84	4.01	4.18	4.34	4.49	4.64
	0.4	0.2	1.96	1.97	1.97	1.98	1.98	1.99	2.00	2.00	2.01	2.02	2.03
		0.4	2.0	2.03	2.06	2.09	2.12	2.15	2.18	2.21	2.24	2.27	2.30
		0.6	2.08	2.15	2.23	2.30	2.37	2.44	2.51	2.57	2.64	2.70	2.76
		0.8	2.21	2.36	2.49	2.62	2.73	2.85	2.95	3.05	3.15	3.24	3.34
		1.0	2.43	2.65	2.84	3.02	3.18	3.33	3.47	3.60	3.73	3.85	3.97
		1.2	2.71	3.00	3.24	3.46	3.66	3.85	4.02	4.19	4.34	4.49	4.64
	0.6	0.2	1.97	1.98	1.98	1.99	2.00	2.00	2.01	2.02	2.02	2.03	2.04
		0.4	2.01	2.04	2.07	2.10	2.13	2.16	2.19	2.22	2.26	2.29	2.32
		0.6	2.09	2.17	2.24	2.32	2.39	2.46	2.52	2.59	2.65	2.71	2.77
		0.8	2.23	2.38	2.51	2.64	2.75	2.86	2.97	3.07	3.16	3.26	3.35
		1.0	2.45	2.68	2.86	3.03	3.19	3.34	3.48	3.61	3.71	3.86	3.98
		1.2	2.74	3.02	3.26	3.48	3.67	3.86	4.03	4.20	4.35	4.50	4.65

简图

$$K_1 = \frac{I_1}{I_2} \cdot \frac{H_3}{H_1}$$

$$K_2 = \frac{I_2}{I_3} \cdot \frac{H_3}{H_2}$$

$$\eta_1 = \frac{H_1}{H_3}\sqrt{\frac{N_1}{N_3} \cdot \frac{I_3}{I_1}}$$

$$\eta_2 = \frac{H_2}{H_3}\sqrt{\frac{N_2}{N_3} \cdot \frac{I_3}{I_2}}$$

N_1——上段柱的轴心力
N_2——中段柱的轴心力
N_3——下段柱的轴心力

K_1		0.10										
η_1	K_2 / η_2	0.2	0.3	0.4	0.5	0.6	0.7	0.8	0.9	1.0	1.1	1.2
0.8	0.2	1.99	1.99	2.00	2.01	2.01	2.01	2.03	2.04	2.04	2.05	2.06
	0.4	2.03	2.06	2.09	2.12	2.15	2.19	2.22	2.25	2.28	2.31	2.34
	0.6	2.12	2.19	2.27	2.34	2.41	2.48	2.55	2.61	2.67	2.73	2.79
	0.8	2.27	2.41	2.54	2.66	2.78	2.89	2.99	3.09	3.18	3.28	3.37
	1.0	2.49	2.70	2.89	3.06	3.21	3.36	3.50	3.63	3.76	3.88	4.00
	1.2	2.78	3.05	3.29	3.50	3.69	3.88	4.05	4.21	4.37	4.52	4.66
1.0	0.2	2.01	2.02	2.03	2.04	2.04	2.05	2.06	2.07	2.07	2.08	2.09
	0.4	2.06	2.10	2.13	2.16	2.19	2.22	2.25	2.28	2.31	2.34	2.37
	0.6	2.16	2.24	2.31	2.38	2.45	2.51	2.58	2.64	2.70	2.76	2.82
	0.8	2.32	2.46	2.58	2.70	2.81	2.92	3.02	3.12	3.21	3.30	3.39
	1.0	2.55	2.75	2.93	3.09	3.25	3.39	3.53	3.66	3.78	3.90	4.02
	1.2	2.84	3.10	3.32	3.53	3.72	3.90	4.07	4.23	4.39	4.54	4.68
1.2	0.2	2.07	2.08	2.08	2.09	2.09	2.10	2.11	2.11	2.12	2.13	2.13
	0.4	2.13	2.16	2.18	2.21	2.24	2.27	2.30	2.33	2.35	2.38	2.41
	0.6	2.24	2.30	2.37	2.43	2.50	2.56	2.63	2.68	2.74	2.80	2.86
	0.8	2.41	2.53	2.64	2.75	2.86	2.96	3.06	3.15	3.24	3.33	3.42
	1.0	2.64	2.82	2.98	3.14	3.29	3.43	3.56	3.69	3.81	3.93	4.04
	1.2	2.92	3.16	3.37	3.57	3.76	3.93	4.10	4.26	4.41	4.56	4.70
1.4	0.2	2.20	2.18	2.17	2.17	2.17	2.18	2.18	2.19	2.19	2.20	2.20
	0.4	2.26	2.26	2.27	2.29	2.32	2.34	2.37	2.39	2.42	2.44	2.47
	0.6	2.37	2.41	2.46	2.51	2.57	2.63	2.68	2.74	2.80	2.85	2.91
	0.8	2.53	2.62	2.72	2.82	2.92	3.01	3.11	3.20	3.29	3.37	3.46
	1.0	2.75	2.90	3.05	3.20	3.34	3.47	3.60	3.72	3.84	3.96	4.07
	1.2	3.02	3.23	3.43	3.62	3.80	3.97	4.13	4.29	4.44	4.59	4.73

K_1		0.20										
η_1	K_2 / η_2	0.2	0.3	0.4	0.5	0.6	0.7	0.8	0.9	1.0	1.1	1.2
0.2	0.2	1.94	1.93	1.93	1.93	1.93	1.93	1.94	1.94	1.95	1.95	1.96
	0.4	1.96	1.98	1.99	2.02	2.04	2.07	2.09	2.12	2.15	2.17	2.20
	0.6	2.02	2.07	2.13	2.19	2.26	2.32	2.38	2.44	2.50	2.56	2.62
	0.8	2.12	2.23	2.35	2.47	2.58	2.68	2.78	2.88	2.98	3.07	3.15
	1.0	2.28	2.47	2.65	2.82	2.97	3.12	3.26	3.39	3.51	3.63	3.75
	1.2	2.50	2.77	3.01	3.22	3.42	3.60	3.77	3.93	4.09	4.23	4.38

简 图	η_1 / η_2	K_1=0.20 K_2	0.2	0.3	0.4	0.5	0.6	0.7	0.8	0.9	1.0	1.1	1.2
	0.4	0.2	1.93	1.93	1.93	1.93	1.94	1.94	1.95	1.95	1.96	1.96	1.97
		0.4	1.97	1.98	2.00	2.03	2.05	2.08	2.11	2.13	2.16	2.19	2.22
		0.6	2.03	2.08	2.14	2.21	2.27	2.33	2.40	2.46	2.52	2.58	2.63
		0.8	2.13	2.25	2.37	2.48	2.59	2.70	2.80	2.90	2.99	3.08	3.17
		1.0	2.29	2.49	2.67	2.83	2.99	3.13	3.27	3.40	3.53	3.64	3.76
		1.2	2.52	2.79	3.02	3.23	3.43	3.61	3.78	3.94	4.10	4.24	4.39
	0.6	0.2	1.95	1.95	1.95	1.95	1.96	1.96	1.97	1.97	1.98	1.98	1.99
		0.4	1.98	2.00	2.02	2.05	2.08	2.10	2.13	2.16	2.19	2.21	2.24
		0.6	2.04	2.10	2.17	2.23	2.30	2.36	2.42	2.48	2.54	2.60	2.66
		0.8	2.15	2.27	2.39	2.51	2.62	2.72	2.82	2.92	3.01	3.10	3.19
		1.0	2.32	2.52	2.70	2.86	3.01	3.16	3.29	3.42	3.55	3.66	3.78
		1.2	2.55	2.82	3.05	3.26	3.45	3.63	3.80	3.96	4.11	4.26	4.40
	0.8	0.2	1.97	1.97	1.98	1.98	1.99	1.99	2.00	2.01	2.01	2.02	2.03
		0.4	2.00	2.03	2.06	2.08	2.11	2.14	2.17	2.20	2.22	2.25	2.28
		0.6	2.08	2.14	2.21	2.27	2.34	2.40	2.46	2.52	2.58	2.64	2.69
		0.8	2.19	2.32	2.44	2.55	2.66	2.76	2.86	2.96	3.05	3.13	3.22
		1.0	2.37	2.57	2.74	2.90	3.05	3.19	3.33	3.45	3.58	3.69	3.81
		1.2	2.61	2.87	3.09	3.30	3.49	3.66	3.83	3.99	4.14	4.29	4.42
	1.0	0.2	2.01	2.02	2.03	2.03	2.04	2.05	2.05	2.06	2.07	2.07	2.08
		0.4	2.06	2.09	2.11	2.14	2.17	2.20	2.23	2.25	2.28	2.31	2.33
		0.6	2.14	2.21	2.27	2.34	2.40	2.46	2.52	2.58	2.63	2.69	2.74
		0.8	2.27	2.39	2.51	2.62	2.72	2.82	2.91	3.00	3.09	3.18	3.26
		1.0	2.46	2.64	2.81	2.96	3.10	3.24	3.37	3.50	3.61	3.73	3.84
		1.2	2.69	2.94	3.15	3.35	3.53	3.71	3.87	4.02	4.17	4.32	4.46
	1.2	0.2	2.13	2.12	2.12	2.13	2.13	2.14	2.14	2.15	2.15	2.16	2.16
		0.4	2.18	2.19	2.21	2.24	2.26	2.29	2.31	2.34	2.36	2.38	2.41
		0.6	2.27	2.32	2.37	2.43	2.49	2.54	2.60	2.65	2.70	2.76	2.81
		0.8	2.41	2.50	2.60	2.70	2.80	2.89	2.98	3.07	3.15	3.23	3.32
		1.0	2.59	2.74	2.89	3.04	3.17	3.30	3.43	3.55	3.66	3.78	3.89
		1.2	2.81	3.03	3.23	3.42	3.59	3.76	3.92	4.07	4.22	4.36	4.49

$$K_1 = \frac{I_1}{I_2} \cdot \frac{H_3}{H_1}$$

$$K_2 = \frac{I_2}{I_3} \cdot \frac{H_3}{H_2}$$

$$\eta_1 = \frac{H_1}{H_3} \sqrt{\frac{N_1}{N_3} \cdot \frac{I_3}{I_1}}$$

$$\eta_1 = \frac{H_2}{H_3} \sqrt{\frac{N_2}{N_3} \cdot \frac{I_3}{I_2}}$$

N_1——上段柱的轴心力

N_2——中段柱的轴心力

N_3——下段柱的轴心力

简　图	K_1		0.20										
	K_2 η_2 η_1		0.2	0.3	0.4	0.5	0.6	0.7	0.8	0.9	1.0	1.1	1.2
	1.4	0.2	2.35	2.31	2.29	2.28	2.27	2.27	2.27	2.27	2.27	2.28	2.28
		0.4	2.40	2.37	2.37	2.38	2.39	2.41	2.43	2.45	2.47	2.49	2.51
		0.6	2.48	2.49	2.52	2.56	2.61	2.65	2.70	2.75	2.80	2.85	2.89
		0.8	2.60	2.66	2.73	2.82	2.90	2.98	3.07	3.15	3.23	3.31	3.38
		1.0	2.77	2.88	3.01	3.14	3.26	3.38	3.50	3.62	3.73	3.84	3.94
		1.2	2.97	3.15	3.33	3.50	3.67	3.83	3.98	4.13	4.27	4.41	4.54

简　图	K_1		0.30										
	K_2 η_2 η_1		0.2	0.3	0.4	0.5	0.6	0.7	0.8	0.9	1.0	1.1	1.2
	0.2	0.2	1.92	1.91	1.90	1.89	1.89	1.89	1.90	1.90	1.90	1.90	1.91
		0.4	1.95	1.95	1.96	1.97	1.99	2.01	2.04	2.06	2.08	2.11	2.13
		0.6	1.99	2.03	2.08	2.13	2.18	2.24	2.29	2.35	2.41	2.46	2.52
		0.8	2.07	2.16	2.27	2.37	2.47	2.57	2.66	2.75	2.84	2.93	3.01
		1.0	2.20	2.37	2.53	2.69	2.83	2.97	3.10	3.23	3.35	3.46	3.57
		1.2	2.39	2.63	2.85	3.05	3.24	3.42	3.58	3.74	3.89	4.03	4.17
	0.4	0.2	1.92	1.91	1.91	1.90	1.90	1.91	1.91	1.91	1.92	1.92	1.92
		0.4	1.95	1.96	1.97	1.99	2.01	2.03	2.05	2.08	2.10	2.12	2.15
		0.6	2.00	2.04	2.09	2.14	2.20	2.26	2.31	2.37	2.42	2.48	2.53
		0.8	2.08	2.18	2.28	2.39	2.49	2.59	2.68	2.77	2.86	2.95	3.03
		1.0	2.22	2.39	2.55	2.71	2.85	2.99	3.12	3.24	3.36	3.48	3.59
		1.2	2.41	2.65	2.87	3.07	3.26	3.43	3.60	3.75	3.90	4.04	4.18
	0.6	0.2	1.93	1.93	1.92	1.92	1.93	1.93	1.93	1.94	1.94	1.95	1.95
		0.4	1.96	1.97	1.99	2.01	2.03	2.06	2.08	2.11	2.13	2.16	2.18
		0.6	2.02	2.06	2.12	2.17	2.23	2.29	2.35	2.40	2.40	2.51	2.57
		0.8	2.11	2.21	2.32	2.42	2.52	2.62	2.71	2.80	2.89	2.98	3.06
		1.0	2.25	2.42	2.59	2.74	2.88	3.02	3.15	3.27	3.39	3.50	3.61
		1.2	2.44	2.69	2.91	3.11	3.29	3.46	3.62	3.78	3.93	4.07	4.20
	0.8	0.2	1.96	1.95	1.96	1.96	1.97	1.97	1.98	1.98	1.99	1.99	2.00
		0.4	1.99	2.01	2.03	2.05	2.08	2.10	2.13	2.15	2.18	2.21	2.23
		0.6	2.05	2.10	2.16	2.22	2.28	2.34	2.40	2.45	2.51	2.56	2.81
		0.8	2.15	2.26	2.37	2.47	2.57	2.67	2.76	2.85	2.94	3.02	3.10
		1.0	2.30	2.48	2.64	2.79	2.93	3.07	3.19	3.31	3.43	3.54	3.65
		1.2	2.50	2.74	2.96	3.15	3.33	3.50	3.66	3.81	3.96	4.10	4.23

$$K_1 = \frac{I_1}{I_2} \cdot \frac{H_3}{H_1}$$

$$K_2 = \frac{I_2}{I_3} \cdot \frac{H_3}{H_2}$$

$$\eta_1 = \frac{H_1}{H_3}\sqrt{\frac{N_1}{N_3} \cdot \frac{I_3}{I_1}}$$

$$\eta_1 = \frac{H_2}{H_3}\sqrt{\frac{N_2}{N_3} \cdot \frac{I_3}{I_2}}$$

N_1——上段柱的轴心力

N_2——中段柱的轴心力

N_3——下段柱的轴心力

简 图	K_1	0.30										
	η_1 η_2 K_2	0.2	0.3	0.4	0.5	0.6	0.7	0.8	0.9	1.0	1.1	1.2
	1.0 0.2	2.01	2.02	2.02	2.03	2.04	2.04	2.05	2.06	2.06	2.07	2.07
	0.4	2.05	2.08	2.10	2.13	2.16	2.18	2.21	2.23	2.26	2.28	2.31
	0.6	2.13	2.19	2.25	2.30	2.36	2.42	2.47	2.53	2.58	2.63	2.68
	0.8	2.24	2.35	2.45	2.55	2.65	2.74	2.83	2.92	3.00	3.08	3.16
	1.0	2.40	2.57	2.72	2.86	3.00	3.13	3.25	3.37	3.48	3.59	3.70
	1.2	2.60	2.83	3.03	3.22	3.39	3.56	3.71	3.86	4.01	4.14	4.28
	1.2 0.2	2.17	2.16	2.16	2.16	2.16	2.16	2.17	2.17	2.18	2.18	2.19
	0.4	2.22	2.22	2.24	2.26	2.28	2.30	2.32	2.34	2.36	2.39	2.41
	0.6	2.29	2.33	2.38	2.43	2.48	2.53	2.58	2.62	2.67	2.72	2.77
	0.8	2.41	2.49	2.58	2.67	2.75	2.84	2.92	3.00	3.08	3.16	3.23
	1.0	2.56	2.69	2.83	2.96	3.09	3.21	3.33	3.44	3.55	3.66	3.76
	1.2	2.74	2.94	3.13	3.30	3.47	3.63	3.78	3.92	4.06	4.20	4.33
	1.4 0.2	2.45	2.40	2.37	2.35	2.35	2.34	2.34	2.34	2.34	2.34	2.34
	0.4	2.48	2.45	2.44	2.44	2.45	2.46	2.48	2.49	2.51	2.53	2.55
	0.6	2.55	2.54	2.56	2.60	2.63	2.67	2.71	2.75	2.80	2.84	2.88
	0.8	2.64	2.68	2.74	2.81	2.89	2.96	3.04	3.11	3.18	3.25	3.33
	1.0	2.77	2.87	2.98	3.09	3.20	3.32	3.43	3.43	3.64	3.74	3.84
	1.2	2.94	3.09	3.26	3.41	3.57	3.72	3.86	4.00	4.13	4.26	4.39

简图栏内：

$$K_1 = \frac{I_1}{I_2} \cdot \frac{H_3}{H_1}$$

$$K_2 = \frac{I_2}{I_3} \cdot \frac{H_3}{H_2}$$

$$\eta_1 = \frac{H_1}{H_3} \sqrt{\frac{N_1}{N_3} \cdot \frac{I_3}{I_1}}$$

$$\eta_2 = \frac{H_2}{H_3} \sqrt{\frac{N_2}{N_3} \cdot \frac{I_3}{I_2}}$$

N_1——上段柱的轴心力

N_2——中段柱的轴心力

N_3——下段柱的轴心力

注 表中的计算长度系数 μ_3 值系按下式算得：

$$\frac{\eta_1 K_1}{\eta_2 K_2} \cdot \mathrm{ctg}\,\frac{\pi \eta_1}{\mu_3} \cdot \mathrm{ctg}\,\frac{\pi \eta_2}{\mu_3} + \frac{\eta_1 K_1}{(\eta_2 K_2)^2} \cdot \mathrm{ctg}\,\frac{\pi \eta_1}{\mu_3} \cdot \mathrm{ctg}\,\frac{\pi}{\mu_3} + \frac{1}{\eta_2 K_2} \cdot \mathrm{ctg}\,\frac{\pi \eta_2}{\mu_3} \cdot \mathrm{ctg}\,\frac{\pi}{\mu_3} - 1 = 0$$

3.2.14 单层厂房阶形柱计算长度的折减系数

表 3-15 单层厂房阶形柱计算长度的折减系数

厂房类型				折减系数
单跨或多跨	纵向温度区段内一个柱列的柱子数	屋面情况	厂房两侧是否有通长的屋盖纵向水平支撑	
单跨	等于或少于6个	—	—	0.9
	多于6个	非大型混凝土屋面板的屋面	无纵向水平支撑	
			有纵向水平支撑	
		大型混凝土屋面板的屋面	—	0.8
多跨	—	非大型混凝土屋面板的屋面	无纵向水平支撑	
			有纵向水平支撑	
		大型混凝土屋面板的屋面	—	0.7

注：有横梁的露天结构（如落锤车间等），其折减系数可采用0.9。

3.2.15 受压构件的容许长细比

表 3-16 受压构件的容许长细比

构件名称	容许长细比
柱、桁架和天窗架中的杆件	150
柱的缀条、吊车梁或吊车桁架以下的柱间支撑	
支撑（吊车梁或吊车桁架以下的柱间支撑除外）	200
用以减少受压构件长细比的杆件	

注：1. 桁架（包括空间桁架）的受压腹杆，当其内力等于或小于承载能力的50%时，容许长细比可取为200。
   2. 计算单角钢受压构件的长细比时，应采用角钢的最小回转半径，但在计算交叉杆件平面外的长细比时，可采用与角钢肢边平行轴的回转半径。
   3. 跨度超过60m的桁架，其受压弦杆和端压杆的容许长细比值宜取为100。其他受压腹杆可取为150（承受静力荷载或间接承受动力荷载）或120（直接承受动力荷载）。
   4. 由容许长细比控制截面的构件，在计算其长细比时可不考虑扭转效应。

3.2.16 受拉构件的容许长细比

表 3-17 受拉构件的容许长细比

序号	构 件 名 称	承受静力荷载功间接承受动力荷载的结构		直接承受动力荷载的结构
		一般建筑结构	有吊车的厂房	
1	桁架的杆件	350	250	250
2	吊车梁或吊车桁架以下的柱间支撑	300	200	—
3	其他拉杆、支撑、系杆等 （张紧的圆钢除外）	400	350	—

注：1. 承受静力荷载的结构中，可仅计算受拉构件在竖向平面内的长细比。

2. 在直接或间接承受动力荷载的结构中，计算单角钢受拉构件的长细比时，应采用角钢的最小回转半径；在计算单角钢交叉受拉杆件平面外的长细比时，应采用与角钢肢边平行轴的回转半径。

3. 中、重级工作制桥式起重机桁架下弦杆的长细比不宜超过 200。

4. 在设有夹钳或刚性料耙桥式起重机的厂房中，支撑（除项次 2 之外）的长细比不宜超过 300。

5. 受拉构件在永久荷载与风荷载组合作用下受压时，其长细比不宜超过 250。

6. 跨度超过 60m 的桁架，其受拉弦杆和腹杆的长细比不宜超过 300（承受静力荷载或间接承受动力荷载）或 250（直接承受动力荷载）。

4

拉弯、压弯构件的计算

4.1 公式速查

4.1.1 拉弯构件和压弯构件强度的计算

弯矩作用在主平面内的拉弯构件和压弯构件，其强度应按下列规定计算：

$$\frac{N}{A_n} \pm \frac{M_x}{\gamma_x W_{nx}} \pm \frac{M_y}{\gamma_y W_{ny}} \leqslant f$$

式中　A_n——净截面面积；

N——构件截面上的轴心压力；

M_x、M_y——x 轴、y 轴弯矩；

W_{nx}、W_{ny}——x 轴、y 轴净截面模量；

γ_x、γ_y——与截面模量相应的截面塑性发展系数，按表 4-1 采用。当压弯构件受压翼缘的自由外伸宽度与其厚度之比大于 $13\sqrt{235 f_y}$ 而不超过 $15\sqrt{235 f_y}$ 时，应取 $\gamma_x = 1.0$。需要计算疲劳的拉弯、压弯构件，宜取 $\gamma_x = \gamma_y = 1.0$；

f——钢材的抗弯强度设计值。

4.1.2 弯矩作用在平面内的实腹式压弯构件稳定性的验算

弯矩作用平面内的稳定性：

$$\frac{N}{\varphi_x A} + \frac{\beta_{mx} M_x}{\gamma_x W_{1x}\left(1 - 0.8\dfrac{N}{N'_{Ex}}\right)} \leqslant f$$

式中　N——所计算构件段范围内的轴心压力；

N'_{Ex}——参数，$N'_{Ex} = \pi^2 EA / (1.1\lambda_x^2)$；

E——钢材的弹性模量；

λ_x——整个构件对 x 轴的长细比；

φ_x——弯矩作用平面内的轴心受压构件稳定系数；

A——毛截面面积；

M_x——所计算构件段范围内的最大弯矩；

γ_x——与截面模量相应的截面塑性发展系数，应按表 4-1 采用；

f——钢材的抗弯强度设计值；

W_{1x}——在弯矩作用平面内对较大受压纤维的毛截面模量；

β_{mx}——等效弯矩系数，应按表 4-2 采用。

对于表 4-1 的 3、4 项中的单轴对称截面压弯构件，当弯矩作用在对称平面内且使翼缘受压时，除应按上式计算外，尚应按下式计算：

$$\left| \frac{N}{A} - \frac{\beta_{mx} M_x}{\gamma_x W_{2x} \left(1 - 1.25 \dfrac{N}{N'_{Ex}}\right)} \right| \leqslant f$$

式中　N——所计算构件段范围内的轴心压力；

　　　N'_{Ex}——参数，$N'_{Ex} = \pi^2 EA / (1.1\lambda_x^2)$；

　　　A——毛截面面积；

　　　M_x——所计算构件段范围内的最大弯矩；

　　　γ_x——与截面模量相应的截面塑性发展系数，应按表 4-1 采用；

　　　f——钢材的抗弯强度设计值；

　　　W_{2x}——对无翼缘端的毛截面模量；

　　　β_{mx}——等效弯矩系数，应按表 4-2 采用。

4.1.3　弯矩作用在平面外的实腹式压弯构件稳定性的验算

弯矩作用平面外的稳定性：

$$\frac{N}{\varphi_y A} + \eta \frac{\beta_{tx} M_x}{\varphi_b W_{1x}} \leqslant f$$

式中　N——所计算构件段范围内的轴心压力；

　　　φ_y——弯矩作用平面外的轴心受压构件稳定系数；

　　　A——毛截面面积；

　　　M_x——所计算构件段范围内的最大弯矩；

　　　η——截面影响系数，闭口截面 $\eta = 0.7$，其他截面 $\eta = 1.0$；

　　　f——钢材的抗弯强度设计值；

　　　W_{1x}——在弯矩作用平面内对较大受压纤维的毛截面模量；

　　　β_{tx}——等效弯矩系数，应按表 4-3 采用；

　　　φ_b——均匀弯曲的受弯构件整体稳定系数，按

　　　　　　●等截面焊接工字形和轧制 H 型钢简支梁

　　　　　　▲轧制普通工字钢简支梁

　　　　　　■轧制槽钢简支梁

　　　　　　◆双轴对称工字形等截面（含 H 型钢）悬臂梁

　　　　　　★受弯构件整体稳定系数的近似计算

计算，其中工字形（含 H 型钢）和 T 形截面的非悬臂（悬伸）构件可按"★受弯构件整体稳定系数的近似计算"确定；对闭口截面 $\varphi_b = 1.0$。

● 等截面焊接工字形和轧制 H 型钢（如图 2-1 所示）简支梁的整体稳定系数 φ_b 应按下式计算：

$$\varphi_b = \beta_b \frac{4320}{\lambda_y^2} \cdot \frac{Ah}{W_x} \left[\sqrt{1 + \left(\frac{\lambda_y t_1}{4.4h}\right)^2} + \eta_b \right] \frac{235}{f_y}$$

式中　β_b——梁整体稳定的等效临界弯矩系数，按表 2-2 采用；

λ_y——梁在侧向支承点间对截面弱轴 $y-y$ 的长细比，$\lambda_y=l_1/i_y$，l_1 见《钢结构设计规范》（GB 50017—2003）第 4.2.1 条，i_y 为梁毛截面对 y 轴的截面回转半径；

W_x——按受压纤维确定的梁毛截面模量；

A——梁的毛截面面积；

h、t_1——梁截面的全高和受压翼缘厚度；

η_b——截面不对称影响系数，对双轴对称截面（如图 2-1a、d 所示）$\eta_b=0$；对单轴对称工字形截面（如图 2-1b、c 所示）加强受压翼缘 $\eta_b=0.8$ $(2\alpha_b-1)$；加强受拉翼缘 $\eta_b=2\alpha_b-1$（其中，$\alpha_b=\dfrac{I_1}{I_1+I_2}$，式中 I_1 和 I_2 为受压翼缘和受拉翼缘对 y 轴的惯性矩）；

f_y——钢材的屈服强度（或屈服点）。

当按上式算得的 φ_b 值大于 0.6 时，应用下式计算的 φ'_b 代替 φ_b 值：

$$\varphi'_b=1.07-\frac{0.282}{\varphi_b}\leqslant 1.0$$

▲ 轧制普通工字钢简支梁的整体稳定系数 φ_b 应按表 2-3 采用，当所得的 φ_b 值大于 0.6 时，应用下式计算的 φ'_b 代替 φ_b 值：

$$\varphi'_b=1.07-\frac{0.282}{\varphi_b}\leqslant 1.0$$

■ 轧制槽钢简支梁的整体稳定系数，不论荷载的形式和荷载作用点在截面高度上的位置，均可按下式计算：

$$\varphi_b=\frac{570bt}{l_1h}\cdot\frac{235}{f_y}$$

式中　h、b、t——槽钢截面的高度、翼缘宽度和平均厚度；

l_1——对跨中无侧向支承点的梁，为其跨度；对跨中有侧向支承点的梁，l_1 为受压翼缘侧向支承点间的距离（梁的支座处视为有侧向支承）；

f_y——钢材的屈服强度（或屈服点）。

按上式算得的 φ_b 值大于 0.6 时，应用下式计算的 φ'_b 代替 φ_b 值：

$$\varphi'_b=1.07-\frac{0.282}{\varphi_b}\leqslant 1.0$$

◆ 双轴对称工字形等截面（含 H 型钢）悬臂梁的整体稳定系数，可按下式计算：

$$\varphi_b=\beta_b\frac{4320}{\lambda_y^2}\cdot\frac{Ah}{W_x}\left[\sqrt{1+\left(\frac{\lambda_y t_1}{4.4h}\right)^2}+\eta_b\right]\frac{235}{f_y}$$

式中　β_b——梁整体稳定的等效临界弯矩系数，按表 2-4 采用；

λ_y——梁在侧向支承点间对截面弱轴 $y-y$ 的长细比，$\lambda_y=l_1/i_y$，l_1 为悬臂梁的悬伸长度，i_y 为梁毛截面对 y 轴的截面回转半径；

W_x——按受压纤维确定的梁毛截面模量；

A——梁的毛截面面积；

h、t_1——梁截面的全高和受压翼缘厚度；

η_b——截面不对称影响系数，对双轴对称截面（如图 2-1a、d 所示），$\eta_b=0$；对单轴对称工字形截面（如图 2-1b、c 所示）加强受压翼缘 $\eta_b=0.8$ $(2\alpha_b-1)$；加强受拉翼缘 $\eta_b=2\alpha_b-1$（其中，$\alpha_b=\dfrac{I_1}{I_1+I_2}$，式中 I_1 和 I_2 为受压翼缘和受拉翼缘对 y 轴的惯性矩）；

f_y——钢材的屈服强度（或屈服点）。

当求得的 φ_b 值大于 0.6 时，应按下式算得相应的 φ_b' 值代替 φ_b 值：

$$\varphi_b'=1.07-\frac{0.282}{\varphi_b}\leqslant1.0$$

★ 均匀弯曲的受弯构件，当 $\lambda_y\leqslant120\sqrt{235/f_y}$ 时，其整体稳定系数 φ_b 可按下列近似公式计算：

1）工字形截面（含 H 型钢）

双轴对称时：

$$\varphi_b=1.07-\frac{\lambda_y^2}{44000}\cdot\frac{f_y}{235}$$

式中　λ_y——梁在侧向支承点间对截面弱轴 $y-y$ 的长细比，$\lambda_y=l_1/i_y$，l_1 见《钢结构设计规范》（GB 50017—2003）第 4.2.1 条，i_y 为梁毛截面对 y 轴的截面回转半径；

f_y——钢材的屈服强度（或屈服点）。

单轴对称时：

$$\varphi_b=1.07-\frac{W_x}{(2\alpha_b+0.1)Ah}\cdot\frac{\lambda_y^2}{14000}\cdot\frac{f_y}{235}$$

式中　λ_y——梁在侧向支承点间对截面弱轴 $y-y$ 的长细比，$\lambda_y=l_1/i_y$，l_1 见《钢结构设计规范》（GB 50017—2003）第 4.2.1 条，i_y 为梁毛截面对 y 轴的截面回转半径；

W_x——按受压纤维确定的梁毛截面模量；

α_b——参数；

A——梁的毛截面面积；

h——梁截面的全高；

f_y——钢材的屈服强度（或屈服点）。

2）T 形截面（弯矩作用在对称轴平面，绕 x 轴）

①弯矩使翼缘受压时

双角钢 T 形截面：

$$\varphi_b = 1 - 0.0017\lambda_y \sqrt{f_y/235}$$

式中 λ_y ——梁在侧向支承点间对截面弱轴 $y-y$ 的长细比，$\lambda_y = l_1/i_y$，l_1 见《钢结构设计规范》（GB 50017—2003）第 4.2.1 条，i_y 为梁毛截面对 y 轴的截面回转半径；

f_y ——钢材的屈服强度（或屈服点）。

剖分 T 形钢和两板组合 T 形截面：

$$\varphi_b = 1 - 0.0022\lambda_y \sqrt{f_y/235}$$

式中 λ_y ——梁在侧向支承点间对截面弱轴 $y-y$ 的长细比，$\lambda_y = l_1/i_y$，l_1 见《钢结构设计规范》（GB 50017—2003）第 4.2.1 条，i_y 为梁毛截面对 y 轴的截面回转半径；

f_y ——钢材的屈服强度（或屈服点）。

②弯矩使翼缘受拉且腹板宽厚比不大于 $18\sqrt{235/f_y}$ 时

$$\varphi_b = 1 - 0.0005\lambda_y \sqrt{f_y/235}$$

式中 λ_y ——梁在侧向支承点间对截面弱轴 $y-y$ 的长细比，$\lambda_y = l_1/i_y$，l_1 见《钢结构设计规范》（GB 50017—2003）第 4.2.1 条，i_y 为梁毛截面对 y 轴的截面回转半径；

f_y ——钢材的屈服强度（或屈服点）。

4.1.4 弯矩作用面平面内的格构式压弯构件稳定性的验算

弯矩绕虚轴（x 轴）作用的格构式压弯构件，其弯矩作用平面内的整体稳定性应按下式计算：

$$\frac{N}{\varphi_x A} + \frac{\beta_{mx} M_x}{W_{1x}\left(1 - \varphi_x \dfrac{N}{N'_{Ex}}\right)} \leqslant f$$

$$W_{1x} = \frac{I_x}{y_0}$$

式中 N ——所计算构件段范围内的轴心压力；

N'_{Ex} ——参数，$N'_{Ex} = \pi^2 EA/(1.1\lambda_x^2)$；

E ——钢材的弹性模量；

λ_x ——整个构件对 x 轴的长细比；

φ_x ——弯矩作用平面内的轴心受压构件稳定系数；

A ——毛截面面积；

M_x ——所计算构件段范围内的最大弯矩；

f ——钢材的抗弯强度设计值；

W_{1x} ——在弯矩作用平面内对较大受压纤维的毛截面模量；

β_{mx} ——等效弯矩系数，应按表 4 - 2 采用；

I_x——对 x 轴的毛截面惯性矩；

y_0——由 x 轴到压力较大分肢的轴线距离或者到压力较大分肢腹板外边缘的距离，二者取较大者。

4.1.5 双轴对称实腹式工字形（含 H 形）和箱形（闭口）截面压弯构件稳定性的验算

弯矩作用在两个主平面内的双轴对称实腹式工字形（含 H 形）和箱形（闭口）截面的压弯构件，其稳定性应按下列公式计算：

$$\frac{N}{\varphi_x A} + \frac{\beta_{mx} M_x}{\gamma_x W_x \left(1 - 0.8 \dfrac{N}{N'_{Ex}}\right)} + \eta \frac{\beta_{ty} M_y}{\varphi_{by} W_y} \leqslant f$$

$$\frac{N}{\varphi_y A} + \eta \frac{\beta_{tx} M_x}{\varphi_{bx} W_x} + \frac{\beta_{my} M_y}{\gamma_y W_y \left(1 - 0.8 \dfrac{N}{N'_{Ey}}\right)} \leqslant f$$

$$N'_{Ex} = \pi^2 EA/(1.1\lambda_x^2)$$

$$N'_{Ey} = \pi^2 EA/(1.1\lambda_y^2)$$

式中　N——所计算构件段范围内的轴心压力；

E——钢材的弹性模量；

λ_x、λ_y——整个构件对 x 轴、y 轴的长细比；

A——毛截面面积；

γ_x、γ_y——与截面模量相应的截面塑性发展系数，应按表 4-1 采用。当压弯构件受压翼缘的自由外伸宽度与其厚度之比大于 $13\sqrt{235 f_y}$ 而不超过 $15\sqrt{235 f_y}$ 时，应取 $\gamma_x = 1.0$。需要计算疲劳的拉弯、压弯构件，宜取 $\gamma_x = \gamma_y = 1.0$；

f——钢材的抗弯强度设计值；

η——截面影响系数，闭口截面 $\eta = 0.7$，其他截面 $\eta = 1.0$；

φ_x、φ_y——对强轴 $x-x$ 和弱轴 $y-y$ 的轴心受压构件稳定系数；

M_x、M_y——所计算构件段范围内对强轴和弱轴的最大弯矩；

W_x、W_y——对强轴和弱轴的毛截面模量；

N'_{Ex}、N'_{Ey}——参数；

β_{mx}、β_{my}——等效弯矩系数，应按表 4-2 采用；

β_{tx}、β_{ty}——等效弯矩系数，应按表 4-3 采用；

φ_{bx}、φ_{by}——均匀弯曲的受弯构件整体稳定性系数；按

　●等截面焊接工字形和轧制 H 型钢简支梁

　▲轧制普通工字钢简支梁

　■轧制槽钢简支梁

　◆双轴对称工字形等截面（含 H 型钢）悬臂梁

　★受弯构件整体稳定系数的近似计算

计算，其中工字形（含 H 型钢）截面的非悬臂（悬伸）构件 φ_{bx} 可按 "★受弯构件整体稳定系数的近似计算"确定；对闭口截面 $\varphi_b = 1.0$。

● 等截面焊接工字形和轧制 H 型钢（如图 2-1 所示）简支梁的整体稳定系数 φ_b 应按下式计算：

$$\varphi_b = \beta_b \frac{4320}{\lambda_y^2} \cdot \frac{Ah}{W_x}\left[\sqrt{1 + \left(\frac{\lambda_y t_1}{4.4h}\right)^2} + \eta_b\right]\frac{235}{f_y}$$

式中　β_b——梁整体稳定的等效临界弯矩系数，应按表 2-2 采用；

λ_y——梁在侧向支承点间对截面弱轴 $y-y$ 的长细比，$\lambda_y = l_1/i_y$，l_1 见《钢结构设计规范》（GB 50017—2003）第 4.2.1 条，i_y 为梁毛截面对 y 轴的截面回转半径；

W_x——按受压纤维确定的梁毛截面模量；

A——梁的毛截面面积；

h、t_1——梁截面的全高和受压翼缘厚度；

η_b——截面不对称影响系数，对双轴对称截面（如图 2-1a、d 所示），$\eta_b = 0$；对单轴对称工字形截面（如图 2-1b、c 所示），加强受压翼缘 $\eta_b = 0.8$ $(2\alpha_b - 1)$；加强受拉翼缘，$\eta_b = 2\alpha_b - 1$（其中，$\alpha_b = \dfrac{I_1}{I_1 + I_2}$，式中 I_1 和 I_2 为受压翼缘和受拉翼缘对 y 轴的惯性矩）；

f_y——钢材的屈服强度（或屈服点）。

当按上式算得的 φ_b 值大于 0.6 时，应用下式计算的 φ_b' 代替 φ_b 值：

$$\varphi_b' = 1.07 - \frac{0.282}{\varphi_b} \leqslant 1.0$$

▲ 轧制普通工字钢简支梁的整体稳定系数 φ_b 应按表 2-3 采用，当所得的 φ_b 值大于 0.6 时，应用下式计算的 φ_b' 代替 φ_b 值：

$$\varphi_b' = 1.07 - \frac{0.282}{\varphi_b} \leqslant 1.0$$

■ 轧制槽钢简支梁的整体稳定系数，不论荷载的形式和荷载作用点在截面高度上的位置，均可按下式计算：

$$\varphi_b = \frac{570bt}{l_1 h} \cdot \frac{235}{f_y}$$

式中　h、b、t——槽钢截面的高度、翼缘宽度和平均厚度；

l_1——对跨中无侧向支承点的梁，为其跨度；对跨中有侧向支承点的梁，l_1 为受压翼缘侧向支承点间的距离（梁的支座处视为有侧向支承）；

f_y——钢材的屈服强度（或屈服点）。

按上式算得的 φ_b 值大于 0.6 时，应用下式计算的 φ_b' 代替 φ_b 值：

$$\varphi'_b = 1.07 - \frac{0.282}{\varphi_b} \leqslant 1.0$$

◆ 双轴对称工字形等截面（含 H 型钢）悬臂梁的整体稳定系数，可按下式计算：

$$\varphi_b = \beta_b \frac{4320}{\lambda_y^2} \cdot \frac{Ah}{W_x} \left[\sqrt{1 + \left(\frac{\lambda_y t_1}{4.4h} \right)^2} + \eta_b \right] \frac{235}{f_y}$$

式中 β_b——梁整体稳定的等效临界弯矩系数，按表 2-4 采用；

λ_y——梁在侧向支承点间对截面弱轴 $y-y$ 的长细比，$\lambda_y = l_1/i_y$，l_1 为悬臂梁的悬伸长度，i_y 为梁毛截面对 y 轴的截面回转半径；

W_x——按受压纤维确定的梁毛截面模量；

A——梁的毛截面面积；

h、t_1——梁截面的全高和受压翼缘厚度；

η_b——截面不对称影响系数，对双轴对称截面（如图 2-1a、d 所示），$\eta_b = 0$；对单轴对称工字形截面（如图 2-1b、c 所示），加强受压翼缘 $\eta_b = 0.8$ $(2\alpha_b - 1)$；加强受拉翼缘 $\eta_b = 2\alpha_b - 1$（其中，$\alpha_b = \frac{I_1}{I_1 + I_2}$，式中 I_1 和 I_2 为受压翼缘和受拉翼缘对 y 轴的惯性矩）；

f_y——钢材的屈服强度（或屈服点）。

当求得的 φ_b 值大于 0.6 时，应按下式算得相应的 φ'_b 值代替 φ_b 值：

$$\varphi'_b = 1.07 - \frac{0.282}{\varphi_b} \leqslant 1.0$$

★ 均匀弯曲的受弯构件，当 $\lambda_y \leqslant 120 \sqrt{235/f_y}$ 时，其整体稳定系数 φ_b 可按下列近似公式计算。

1）工字形截面（含 H 型钢）

双轴对称时：

$$\varphi_b = 1.07 - \frac{\lambda_y^2}{44000} \cdot \frac{f_y}{235}$$

式中 λ_y——梁在侧向支承点间对截面弱轴 $y-y$ 的长细比，$\lambda_y = l_1/i_y$，l_1 见《钢结构设计规范》（GB 50017—2003）第 4.2.1 条，i_y 为梁毛截面对 y 轴的截面回转半径；

f_y——钢材的屈服强度（或屈服点）。

单轴对称时：

$$\varphi_b = 1.07 - \frac{W_x}{(2\alpha_b + 0.1)Ah} \cdot \frac{\lambda_y^2}{14000} \cdot \frac{f_y}{235}$$

式中 λ_y——梁在侧向支承点间对截面弱轴 $y-y$ 的长细比，$\lambda_y = l_1/i_y$，l_1 见《钢结构设计规范》（GB 50017—2003）第 4.2.1 条，i_y 为梁毛截面对 y 轴的截面回转半径；

W_x——按受压纤维确定的梁毛截面模量；

α_b——参数；

A——梁的毛截面面积；

h——梁截面的全高；

f_y——钢材的屈服强度（或屈服点）。

2）T 形截面（弯矩作用在对称轴平面，绕 x 轴）

①弯矩使翼缘受压时

双角钢 T 形截面：

$$\varphi_b = 1 - 0.0017\lambda_y\sqrt{f_y/235}$$

式中　λ_y——梁在侧向支承点间对截面弱轴 $y-y$ 的长细比，$\lambda_y = l_1/i_y$，l_1 见《钢结构设计规范》（GB 50017—2003）第 4.2.1 条，i_y 为梁毛截面对 y 轴的截面回转半径；

f_y——钢材的屈服强度（或屈服点）。

剖分 T 形钢和两板组合 T 形截面：

$$\varphi_b = 1 - 0.0022\lambda_y\sqrt{f_y/235}$$

式中　λ_y——梁在侧向支承点间对截面弱轴 $y-y$ 的长细比，$\lambda_y = l_1/i_y$，l_1 见《钢结构设计规范》（GB 50017—2003）第 4.2.1 条，i_y 为梁毛截面对 y 轴的截面回转半径；

f_y——钢材的屈服强度（或屈服点）。

②弯矩使翼缘受拉且腹板宽厚比不大于 $18\sqrt{235/f_y}$ 时

$$\varphi_b = 1 - 0.0005\lambda_y\sqrt{f_y/235}$$

式中　λ_y——梁在侧向支承点间对截面弱轴 $y-y$ 的长细比，$\lambda_y = l_1/i_y$，l_1 见《钢结构设计规范》（GB 50017—2003）第 4.2.1 条，i_y 为梁毛截面对 y 轴的截面回转半径；

f_y——钢材的屈服强度（或屈服点）。

4.1.6　双肢格构式压弯构件稳定性的验算

弯矩作用在两个主平面内的双肢格构式压弯构件，其稳定性应按下列规定计算。

1）按整体计算：

$$\frac{N}{\varphi_x A} + \frac{\beta_{mx}M_x}{W_{1x}\left(1 - \varphi_x\dfrac{N}{N'_{Ex}}\right)} + \frac{\beta_{ty}M_y}{W_{1y}} \leqslant f$$

式中　N——所计算构件段范围内的轴心压力；

N'_{Ex}——参数，$N'_{Ex} = \pi^2 EA/(1.1\lambda_x^2)$；

E——钢材的弹性模量；

λ_x——整个构件对 x 轴的长细比；

φ_x——弯矩作用平面内的轴心受压构件稳定系数；

A——毛截面面积；

M_x、M_y——所计算构件段范围内对强轴和弱轴的最大弯矩；

f——钢材的抗弯强度设计值；

W_{1x}——在弯矩作用平面内对较大受压纤维的毛截面模量；

β_{mx}——等效弯矩系数，应按表 4 - 2 采用；

β_{ty}——等效弯矩系数，应按表 4 - 3 采用；

W_{1y}——在 M_y 作用下，对较大受压纤维的毛截面模量。

2）按分肢计算：

在 N 和 M_x 作用下，将分肢作为桁架弦杆计算其轴心力，M_y 按下面两个公式分配给两分肢（如图 4 - 1 所示），然后按 4.1.2 和 4.1.3 的规定计算分肢稳定性。

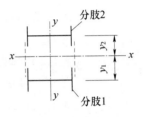

图 4 - 1　格构式
构件截面

分肢 1：

$$M_{y1} = \frac{I_1/y_1}{I_1/y_1 + I_2/y_2} \cdot M_y$$

分肢 2：

$$M_{y2} = \frac{I_2/y_2}{I_1/y_1 + I_2/y_2} \cdot M_y$$

式中　I_1、I_2——分肢 1、分肢 2 对 y 轴的惯性矩；

　　　y_1、y_2——M_y 作用的主轴平面至分肢 1、分肢 2 轴线的距离。

4.1.7　翼缘板自由外伸宽度与其厚度之比的计算

在受压构件中，翼缘板自由外伸宽度 b 与其厚度 t 之比，应符合下列要求：

1．轴心受压构件

$$\frac{b}{t} \leqslant (10 + 0.1\lambda) \sqrt{\frac{235}{f_y}}$$

式中　b——翼缘板自由外伸宽度；

　　　t——翼缘板厚度；

　　　λ——构件两方向长细比的较大值，当 $\lambda < 30$ 时，取 $\lambda = 30$；当 $\lambda > 100$ 时，取 $\lambda = 100$；

　　　f_y——钢材的屈服强度（或屈服点）。

2．压弯构件

$$\frac{b}{t} \leqslant 13 \sqrt{\frac{235}{f_y}}$$

式中　　b——翼缘板自由外伸宽度；

　　　　t——翼缘板厚度；

　　　　f_y——钢材的屈服强度（或屈服点）。

当强度和稳定计算中取 $\gamma_x=1.0$ 时，b/t 可放宽至 $15\sqrt{235/f_y}$。

4.1.8　工字形及 H 形截面受压构件腹板计算高度与其厚度之比的计算

在工字形及 H 形截面的受压构件中，腹板计算高度 h_0 与其厚度 t_w 之比，应符合下列要求：

1. 轴心受压构件

$$\frac{h_0}{t_w}\leqslant(25+0.5\lambda)\sqrt{\frac{235}{f_y}}$$

式中　　h_0——腹板计算高度；

　　　　t_w——腹板厚度；

　　　　λ——构件两方向长细比的较大值，当 $\lambda<30$ 时，取 $\lambda=30$；当 $\lambda>100$ 时，取 $\lambda=100$；

　　　　f_y——钢材的屈服强度（或屈服点）。

2. 压弯构件

当 $0\leqslant\alpha_0\leqslant1.6$ 时

$$\frac{h_0}{t_w}\leqslant(16\alpha_0+0.5\lambda+25)\sqrt{\frac{235}{f_y}}$$

当 $1.6<\alpha_0\leqslant2.0$ 时

$$\frac{h_0}{t_w}\leqslant(48\alpha_0+0.5\lambda-26.2)\sqrt{\frac{235}{f_y}}$$

$$\alpha_0=\frac{\sigma_{max}-\sigma_{min}}{\sigma_{max}}$$

式中　　h_0——腹板计算高度；

　　　　t_w——腹板厚度；

　　　　f_y——钢材的屈服强度（或屈服点）；

　　　　α_0——柱腹板的应力分布不均匀系数；

　　σ_{max}——腹板计算高度边缘的最大压应力，计算时不考虑构件的稳定系数和截面塑性发展系数；

　　σ_{min}——腹板计算高度另一边缘相应的应力，压应力取正值，拉应力取负值；

　　　　λ——构件在弯矩作用平面内的长细比，当 $\lambda<30$ 时，取 $\lambda=30$；当 $\lambda>100$，取 $\lambda=100$。

4.2 数据速查

4.2.1 与截面模量相应的截面塑性发展系数 γ_x、γ_y

表 4-1 截面塑性发展系数 γ_x、γ_y

项次	截面形式	γ_x	γ_y
1		1.05	1.2
2		1.05	1.05
3		$\gamma_{x1}=1.05$ $\gamma_{x2}=1.2$	1.2
4			1.05
5		1.2	1.2
6		1.15	1.15

项次	截 面 形 式	γ_x	γ_y
7		1.0	1.05
8			1.0

4.2.2 弯矩作用在平面内的等效弯矩系数

表 4-2 等效弯矩系数 β_{mx}

<table>
<tr><td rowspan="5">框架柱和两端支承的构件</td><td colspan="2">无横向荷载作用时</td><td>$\beta_{mx}=0.65+0.35\dfrac{M_2}{M_1}$</td><td rowspan="3">$M_1$ 和 M_2 为端弯矩，使构件产生同向曲率（无反弯点）时取同号；使构件产生反向曲率（有反弯点）时取异号，$|M_1|\geqslant|M_2|$</td></tr>
<tr><td rowspan="2">有端弯矩和横向荷载同时作用时</td><td>使构件产生同向曲率时</td><td>$\beta_{mx}=1.0$</td></tr>
<tr><td>使构件产生反向曲率时</td><td>$\beta_{mx}=0.85$</td></tr>
<tr><td colspan="2">无端弯矩但有横向荷载作用时</td><td>$\beta_{mx}=1.0$</td><td>—</td></tr>
<tr><td colspan="2">悬臂构件和分析内力未考虑二阶效应的无支撑纯框架和弱支撑框架柱</td><td>$\beta_{mx}=1.0$</td><td>—</td></tr>
</table>

4.2.3 弯矩作用在平面外的等效弯矩系数

表 4-3 等效弯矩系数 β_{tx}

<table>
<tr><td rowspan="5">在弯矩作用平面外有支承的构件</td><td colspan="2">无横向荷载作用时</td><td>$\beta_{tx}=0.65+0.35\dfrac{M_2}{M_1}$</td><td rowspan="3">$M_1$ 和 M_2 是在弯矩作用平面内的端弯矩，使构件产生同向曲率时取同号；产生反向曲率时取异号，$|M_1|\geqslant|M_2|$</td></tr>
<tr><td rowspan="2">有端弯矩和横向荷载同时作用时</td><td>使构件产生同向曲率时</td><td>$\beta_{tx}=1.0$</td></tr>
<tr><td>使构件产生反向曲率时</td><td>$\beta_{tx}=0.85$</td></tr>
<tr><td colspan="2">无端弯矩但有横向荷载作用时</td><td>$\beta_{tx}=1.0$</td><td>—</td></tr>
<tr><td colspan="2">弯矩作用平面外为悬臂的构件</td><td>$\beta_{tx}=1.0$</td><td>—</td></tr>
</table>

5

钢结构疲劳计算

5.1 公式速查

5.1.1 常幅疲劳计算

对常幅（所有应力循环内的应力幅保持常量）疲劳，应按下式进行计算：

$$\Delta\sigma \leqslant [\Delta\sigma]$$

$$[\Delta\sigma] = \left(\frac{C}{n}\right)^{1/\beta}$$

式中 $\Delta\sigma$——对焊接部位为应力幅，$\Delta\sigma = \sigma_{max} - \sigma_{min}$；对非焊接部位为折算应力幅，

$\Delta\sigma = \sigma_{max} - 0.7\sigma_{min}$；

σ_{max}——计算部位每次应力循环中的最大拉应力（取正值）；

σ_{min}——计算部位每次应力循环中的最小拉应力或压应力（拉应力取正值，压应力取负值）；

$[\Delta\sigma]$——常幅疲劳的容许应力幅（N/mm^2）；

n——应力循环次数；

C、β——参数，根据表 5-2 中的构件和连接类别按表 5-1 采用。

表 5-1 常幅疲劳计算参数

构件和连接类别	1	2	3	4	5	6	7	8
C	1.94×10^{15}	8.61×10^{14}	3.26×10^{12}	2.18×10^{12}	1.47×10^{12}	9.6×10^{11}	6.5×10^{11}	4.1×10^{11}
β	4	4	3	3	3	3	3	3

5.1.2 变幅疲劳计算

对变幅（应力循环内的应力幅随机变化）疲劳，若能预测结构在使用寿命期间各种荷载的频率分布、应力幅水平以及频次分布总和所构成的设计应力谱，则可将其折算为等效常幅疲劳，按下式进行计算：

$$\Delta\sigma_e \leqslant [\Delta\sigma]$$

$$\Delta\sigma_e = \left(\frac{\sum n_i (\cdot \Delta\sigma_i)^\beta}{\sum n_i}\right)^{1/\beta}$$

式中 $\Delta\sigma_e$——变幅疲劳的等效应力幅；

$[\Delta\sigma]$——常幅疲劳的容许应力幅（MPa）；

$\sum n_i$——以应力循环次数表示的结构预期使用寿命；

n_i——预期寿命内应力幅水平达到 $\Delta\sigma_i$ 的应力循环次数。

5.1.3 吊车梁和吊车桁架疲劳计算

重级工作制吊车梁和重级、中级工作制吊车桁架的疲劳可作为常幅疲劳，按下

式计算：

$$\alpha_f \cdot \Delta\sigma \leq [\Delta\sigma]_{n=2\times10^6}$$

式中　　α_f——欠载效应的等效系数，按表 5 - 2 采用；

　　　　$\Delta\sigma$——对焊接部位为应力幅；

$[\Delta\sigma]_{n=2\times10^6}$——循环次数 n 为 2×10^6 次的容许应力幅，按表 5 - 4 采用。

5.2 数据速查

5.2.1 疲劳计算的构件和连接分类

表 5 - 2　　　　　　　　　　　　　　构件和连接分类

项次	简　图	说　明	类别
1		无连接处的主体金属 1）轧制型钢 2）钢板 ①两边为轧制边或刨边 ②两侧为自动、半自动切割边（切割质量标准应符合现行国家标准《钢结构工程施工质量验收规范》（GB 50205—2001）	1 1 2
2		横向对接焊缝附近的主体金属 1）符合现行国家标准《钢结构工程施工质量验收规范》（GB 50205—2001）的一级焊缝 2）经加工、磨平的一级焊缝	3 2
3		不同厚度（或宽度）横向对接焊缝附近的主体金属，焊缝加工成平滑过渡并符合一级焊缝标准	2
4		纵向对接焊缝附近的主体金属，焊缝符合二级焊缝标准	2
5		翼缘连接焊缝附近的主体金属 1）翼缘板与腹板的连接焊缝 ①自动焊，二级 T 形对接和角接组合焊缝 ②自动焊，角焊缝，外观质量标准符合二级 ③手工焊，角焊缝，外观质量标准符合二级 2）双层翼缘板之间的连接焊缝 ①自动焊，角焊缝，外观质量标准符合二级 ②手工焊，角焊缝，外观质量标准符合二级	2 3 4 3 4

项次	简　图	说　　明	类别
6		横向加劲肋端部附近的主体金属 1）肋端不断弧（采用回焊） 2）肋端断弧	4 5
7		梯形节点板用对接焊缝焊于梁翼缘、腹板以及桁架构件处的主体金属，过渡处在焊后铲平、磨光、圆滑过渡，不得有焊接起弧、灭弧缺陷	5
8		矩形节点板焊接于构件翼缘或腹板处的主体金属，l＞150mm	7
9		翼缘板中断处的主体金属（板端有正面焊缝）	7
10		向正面角焊缝过渡处的主体金属	6
11		两侧面角焊缝连接端部的主体金属	8

项次	简　图	说　明	类别
12		三面围焊的角焊缝端部主体金属	7
13		三面围焊或两侧面角焊缝连接的节点板主体金属（节点板计算宽度按应力扩散角 θ 等于 30° 考虑）	7
14		K 形坡口 T 形对接与角接组合焊缝处的主体金属，两板轴线偏离小于 $0.15t$，焊缝为二级，焊趾角 $\alpha \leqslant 45°$	5
15		十字接头角焊缝处的主体金属，两板轴线偏离小于 $0.15t$	7
16	角焊缝	按有效截面确定的剪应力幅计算	8
17		铆钉连接处的主体金属	3

项次	简　图	说　　明	类别
18		连系螺栓和虚孔处的主体金属	3
19		高强度螺栓摩擦型连接处的主体金属	2

注　1. 所有对接焊缝及 T 形对接和角接组合焊缝均需焊透。所有焊缝的外形尺寸均应符合相关标准的规定。
　　2. 角焊缝应符合《钢结构设计规范》（GB 50017—2003）第 8.2.7 条和 8.2.8 条的要求。
　　3. 项次 16 中的剪应力力幅 $\Delta\tau = \tau_{max} - \tau_{min}$，其中 τ_{min} 的正负值为：与 τ_{max} 同方向时，取正值；与 τ_{max} 反方向时，取负值。
　　4. 第 17、18 项中的应力应以净截面面积计算，第 19 项应以毛截面面积计算。

5.2.2　吊车梁和吊车桁架欠载效应的等效系数

表 5－3　　　　　　吊车梁和吊车桁架欠载效应的等效系数 α_f

吊　车　类　别	α_f
重级工作制硬钩吊车（如均热炉车间夹钳吊车）	1.0
重级工作制软钩吊车	0.8
中级工作制吊车	0.5

5.2.3　容许应力幅

表 5－4　　　　　　　　容许应力幅　　　　　　　（单位：MPa）

循环次数 ＼ 构件和连接类别	1	2	3	4	5	6	7	8
1×10^5	373	305	319	279	245	213	187	160
2×10^5	314	256	254	222	194	169	148	127
3×10^5	284	231	221	194	170	147	129	111
4×10^5	264	215	201	176	154	134	118	101
5×10^5	250	204	187	163	143	124	109	94
6×10^5	238	195	176	154	135	117	103	88
7×10^5	229	187	167	146	128	111	98	84
8×10^5	222	181	160	140	122	106	93	80

循环次数 \ 构件和连接类别	1	2	3	4	5	6	7	8
9×10^5	215	176	154	134	118	102	90	77
10×10^5	209	171	148	130	114	99	87	74
11×10^5	205	167	144	126	110	96	84	72
12×10^5	201	164	140	122	107	93	82	70
13×10^5	197	160	136	119	104	90	79	68
14×10^5	193	157	133	116	102	88	77	66
15×10^5	190	155	130	113	99	86	76	65
16×10^5	187	152	127	111	97	84	74	64
17×10^5	184	150	124	109	95	83	73	62
18×10^5	181	148	122	107	93	81	71	61
19×10^5	178	146	120	105	92	80	70	60
20×10^5	176	144	118	103	90	78	69	59

6

构件的连接计算

6.1 公式速查

6.1.1 对接焊缝或对接与角接组合焊缝的强度计算

1）在对接接头和 T 形接头中，垂直于轴心拉力或轴心压力的对接焊缝或对接与角接组合焊缝，其强度应按下式计算：

$$\sigma = \frac{N}{l_w t} \leqslant f_t^w \text{ 或 } f_c^w$$

式中　N——轴心拉力或轴心压力；

　　　l_w——焊缝长度；

　　　t——在对接接头中为连接件的较小厚度；在 T 形接头中为腹板的厚度；

　f_t^w、f_c^w——对接焊缝的抗拉、抗压强度设计值。

2）在对接接头和 T 形接头中，承受弯矩和剪力共同作用的对接焊缝或对接与角接组合焊缝，其正应力和剪应力应分别进行计算。但在同时受有较大正应力和剪应力处（例如梁腹板横向对接焊缝的端部），应按下式计算折算应力：

$$\sqrt{\sigma^2 + 3\tau^2} \leqslant 1.1 f_t^w$$

式中　σ——正应力；

　　　τ——剪应力；

　f_t^w——对接焊缝的抗拉强度设计值。

6.1.2 直角角焊缝的强度计算

1）在通过焊缝形心的拉力、压力或剪力作用下

正面角焊缝（作用力垂直于焊缝长度方向）

$$\sigma_f = \frac{N}{h_e l_w} \leqslant \beta_f f_f^w$$

侧面角焊缝（作用力平行于焊缝长度方向）

$$\tau_f = \frac{N}{h_e l_w} \leqslant \beta_f f_f^w$$

式中　σ_f——按焊缝有效截面（$h_e l_w$）计算，垂直于焊缝长度方向的应力；

　　　τ_f——按焊缝有效截面计算，沿焊缝长度方向的剪应力；

　　　N——轴心拉力或轴心压力；

　　　h_e——角焊缝的计算厚度，对直角角焊缝等于 $0.7h_f$，h_f 为焊脚尺寸（如图 6-1所示）；

　　　l_w——角焊缝的计算长度，对每条焊缝取实际长度减去 $2h_f$；

　　　f_f^w——角焊缝的强度设计值；

　　　β_f——正面角焊缝的强度设计值增大系数，对承受静力荷载和间接承受动力

荷载的结构，$\beta_f=1.22$；对直接承受动力荷载的结构，$\beta_f=1.0$。

2）在各种力综合作用下，σ_f 和 τ_f 共同作用处：

$$\sqrt{\left(\frac{\sigma_f}{\beta_f}\right)^2+\tau_f^2}\leqslant f_f^w$$

式中　σ_f——按焊缝有效截面（$h_e l_w$）计算，垂直于焊缝长度方向的应力；

$\quad\quad\tau_f$——按焊缝有效截面计算，沿焊缝长度方向的剪应力；

$\quad\quad h_e$——角焊缝的计算厚度，对直角角焊缝等于 $0.7h_f$，h_f 为焊脚尺寸（如图 6-1所示）；

$\quad\quad l_w$——角焊缝的计算长度，对每条焊缝取实际长度减去 $2h_f$；

$\quad\quad f_f^w$——角焊缝的强度设计值；

$\quad\quad \beta_f$——正面角焊缝的强度设计值增大系数：对承受静力荷载和间接承受动力荷载的结构，$\beta_f=1.22$；对直接承受动力荷载的结构，$\beta_f=1.0$。

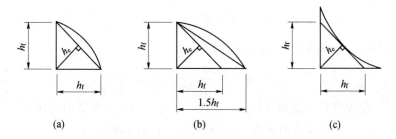

图 6-1　直角角焊缝截面

6.1.3　斜角角焊缝的强度计算

两焊脚边夹角 α 为 $60°\leqslant\alpha\leqslant135°$ 的 T 形接头，其斜角角焊缝（如图 6-2 和图 6-3所示）的强度应按下式计算：

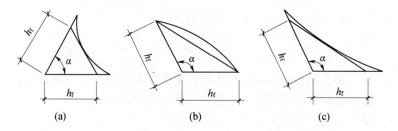

图 6-2　T 形接头的斜角角焊缝截面

1）在通过焊缝形心的拉力、压力或剪力作用下

正面角焊缝（作用力垂直于焊缝长度方向）

$$\sigma_f=\frac{N}{h_e l_w}\leqslant\beta_f f_f^w$$

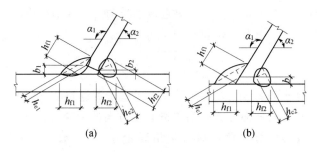

图 6-3　T形接头的根部间隙和焊缝截面

侧面角焊缝（作用力平行于焊缝长度方向）

$$\tau_{f} = \frac{N}{h_{e}l_{w}} \leqslant \beta_{f}f_{f}^{w}$$

根部间隙 b、b_1 或 $b_2 \leqslant 1.5$mm

$$h_{e} = h_{f}\cos\frac{\alpha}{2}$$

根部间隙 b、b_1 或 $b_2 > 1.5$mm 但 $\leqslant 5$mm

$$h_{e} = \left[h_{f} - \frac{b(\text{或 } b_1、b_2)}{\sin\alpha} \right]\cos\frac{\alpha}{2}$$

式中　σ_{f}——按焊缝有效截面（$h_{e}l_{w}$）计算，垂直于焊缝长度方向的应力；

　　　τ_{f}——按焊缝有效截面计算，沿焊缝长度方向的剪应力；

　　　N——轴心拉力或轴心压力；

　　　h_{e}——角焊缝的计算厚度；

　　　l_{w}——角焊缝的计算长度，对每条焊缝取实际长度减去 $2h_{f}$，h_{f} 为焊脚尺寸；

　　　f_{f}^{w}——角焊缝的强度设计值；

　　　β_{f}——正面角焊缝的强度设计值增大系数，$\beta_{f} = 1.0$。

　　2）在各种力综合作用下，σ_{f} 和 τ_{f} 共同作用处：

$$\sqrt{\left(\frac{\sigma_{f}}{\beta_{f}}\right)^{2} + \tau_{f}^{2}} \leqslant f_{f}^{w}$$

式中　σ_{f}——按焊缝有效截面（$h_{e}l_{w}$）计算，垂直于焊缝长度方向的应力；

　　　τ_{f}——按焊缝有效截面计算，沿焊缝长度方向的剪应力；

　　　h_{e}——角焊缝的计算厚度；

　　　l_{w}——角焊缝的计算长度，对每条焊缝取实际长度减去 $2h_{f}$；

　　　f_{f}^{w}——角焊缝的强度设计值；

　　　β_{f}——正面角焊缝的强度设计值增大系数，$\beta_{f} = 1.0$。

6.1.4　直角焊缝承载力设计值的计算

　　直角焊缝承载力设计值（如表 6-1 所示）的计算如下：

$$N_t^w = 0.7h_t f_t^w$$

式中　h_t——角焊缝的焊脚尺寸；

　　　f_t^w——对接焊缝的抗拉强度设计值。

6.1.5　对接焊缝承载力设计值的计算

对接焊缝承载力设计值（见表6-2）的计算如下：

受压

$$N_c^w = t f_c^w$$

受拉、受弯

$$N_t^w = t f_t^w$$

受剪

$$N_v^w = t f_v^w$$

式中　　　t——焊接件的较小厚度；

f_c^w、f_t^w、f_v^w——分别表示对接焊缝的抗压、抗拉、抗剪强度设计值。

6.1.6　普通螺栓或铆钉受剪连接承载力设计值的计算

在普通螺栓或铆钉受剪的连接中，每个普通螺栓或铆钉的承载力设计值应取受剪和承压承载力设计值中的较小者。

受剪承载力设计值：

普通螺栓

$$N_v^b = n_v \frac{\pi d^2}{4} f_v^b$$

铆钉

$$N_v^r = n_v \frac{\pi d_0^2}{4} f_v^r$$

式中　n_v——受剪面数目；

　　d——螺栓杆直径；

　d_0——铆钉孔直径；

　f_v^b——螺栓的抗剪强度设计值；

　f_v^r——铆钉的抗剪强度设计值。

承压承载力设计值：

普通螺栓

$$N_c^b = d \sum t \cdot f_c^b$$

铆钉

$$N_c^r = d_0 \sum t \cdot f_c^r$$

式中　d——螺栓杆直径；

　d_0——铆钉孔直径；

$\sum t$——在不同受力方向中一个受力方向承压构件总厚度的较小值；

f_c^b——螺栓的承压强度设计值；

f_c^r——铆钉的承压强度设计值。

6.1.7　普通螺栓、锚栓或铆钉受拉连接承载力设计值的计算

在普通螺栓、锚栓或铆钉杆轴方向受拉的连接中，每个普通螺栓、锚栓或铆钉的承载力设计值应按下列公式计算：

普通螺栓

$$N_t^b = \frac{\pi d_e^2}{4} f_t^b$$

锚栓

$$N_t^a = \frac{\pi d_e^2}{4} f_t^a$$

铆钉

$$N_t^r = \frac{\pi d_0^2}{4} f_t^r$$

式中　　d_e——螺栓或锚栓在螺纹处的有效直径；

d_0——铆钉孔直径；

f_t^b、f_t^a、f_t^r——分别表示普通螺栓、锚栓和铆钉的抗拉强度设计值。

6.1.8　兼受剪力和拉力的普通螺栓和铆钉所受承载力设计值的计算

同时承受剪力和杆轴方向拉力的普通螺栓和铆钉，应分别符合下列公式的要求：

普通螺栓

$$\sqrt{\left(\frac{N_v}{N_v^b}\right)^2 + \left(\frac{N_t}{N_t^b}\right)^2} \leqslant 1$$

$$N_v \leqslant N_c^b$$

铆钉

$$\sqrt{\left(\frac{N_v}{N_v^r}\right)^2 + \left(\frac{N_t}{N_t^r}\right)^2} \leqslant 1$$

$$N_v \leqslant N_c^r$$

式中　N_v、N_t——分别表示某个普通螺栓或铆钉所承受的剪力和拉力；

N_v^b、N_t^b、N_c^b——分别表示一个普通螺栓的受剪、受拉和承压承载力设计值（见表 6-3）；

N_v^r、N_t^r、N_c^r——分别表示一个铆钉的受剪、受拉和承压承载力设计值。

6.1.9　高强度螺栓摩擦型连接计算

高强度螺栓摩擦型连接应按下列规定计算：

1）在抗剪连接中，每个高强度螺栓的承载力设计值（见表 6-4）应按下式计算：

$$N_v^b = 0.9 n_f \mu P$$

式中 n_f——传力摩擦面数目；

μ——摩擦面的抗滑移系数，应按表 6-5 采用；

P——一个高强度螺栓的预拉力，应按表 6-6 采用。

2）在螺栓杆轴方向受拉的连接中，每个高强度螺栓的承载力设计值取 $N_t^b = 0.8P$。

3）当高强度螺栓摩擦型连接同时承受摩擦面间的剪力和螺栓杆轴方向的外拉力时，其承载力应按下式计算：

$$\frac{N_v}{N_v^b} + \frac{N_t}{N_t^b} \leqslant 1$$

式中 N_v、N_t——分别表示某个高强度螺栓所承受的剪力和拉力；

N_v^b、N_t^b——分别表示一个高强度螺栓的受剪、受拉承载力设计值。

6.1.10 高强度螺栓承压型连接计算

高强度螺栓承压型连接应按下列规定计算（见表 6-7）：

1）承压型连接的高强度螺栓的预拉力 P 应与摩擦型连接高强度螺栓相同。连接处构件接触面应清除油污及浮锈。

高强度螺栓承压型连接不应用于直接承受动力荷载的结构。

2）在抗剪连接中，每个承压型连接高强度螺栓的承载力设计值的计算方法与普通螺栓相同，但当剪切面在螺纹处时，其受剪承载力设计值应按螺纹处的有效面积进行计算。

3）在杆轴方向受拉的连接中，每个承压型连接高强度螺栓的承载力设计值的计算方法与普通螺栓相同。

4）同时承受剪力和杆轴方向拉力的承压型连接的高强度螺栓，应符合下列公式的要求：

$$\sqrt{\left(\frac{N_v}{N_v^b}\right)^2 + \left(\frac{N_t}{N_t^b}\right)^2} \leqslant 1$$

$$N_v \leqslant N_c^b / 1.2$$

式中 N_v、N_t——分别表示某个高强度螺栓所承受的剪力和拉力；

N_v^b、N_t^b、N_c^b——分别表示一个高强度螺栓的受剪、受拉和承压承载力设计值。

6.1.11 组合工字梁翼缘与腹板的双面角焊缝连接计算

组合工字梁翼缘与腹板的双面角焊缝连接，其强度应按下式计算：

$$\frac{1}{2h_e}\sqrt{\left(\frac{VS_f}{I}\right)^2 + \left(\frac{\psi F}{\beta_f l_z}\right)^2} \leqslant f_f^w$$

$$l_z = a + 2h_y + 2h_R$$

式中 S_f——所计算翼缘毛截面对梁中和轴的面积矩；

h_e——角焊缝的计算厚度；

I——梁的毛截面惯性矩；

V——剪力；

ψ——集中荷载的增大系数；

F——作用于腹板的外力；

$f_{\mathrm{f}}^{\mathrm{w}}$——角焊缝的强度设计值；

β_{f}——正面角焊缝的强度设计值增大系数，对承受静力荷载和间接承受动力荷载的结构，$\beta_{\mathrm{f}}=1.22$；对直接承受动力荷载的结构，$\beta_{\mathrm{f}}=1.0$。

l_{z}——集中荷载在腹板计算高度边缘上的假定分布长度。

6.1.12 组合工字梁翼缘与腹板的铆钉所受承载力计算

组合工字梁翼缘与腹板的铆钉（或摩擦型连接高强度螺栓）的承载力，应按下式计算：

$$a\sqrt{\left(\frac{VS_{\mathrm{f}}}{I}\right)^2+\left(\frac{\alpha_1\psi F}{l_{\mathrm{z}}}\right)^2}\leqslant n_1 N_{\mathrm{min}}^{\mathrm{r}} \text{ 或 } n_1 N_{\mathrm{v}}^{\mathrm{b}}$$

$$l_{\mathrm{z}}=a+2h_{\mathrm{y}}+2h_{\mathrm{R}}$$

式中　S_{f}——所计算翼缘毛截面对梁中和轴的面积矩；

　　a——翼缘铆钉（或螺栓）间距；

　　α_1——系数，当荷载 F 作用于梁上翼缘而腹板刨平顶紧上翼缘板时，$\alpha_1=0.4$；其他情况，$\alpha_1=1.0$；

　　n_1——在计算截面处铆钉（或螺栓）的数量；

　$N_{\mathrm{min}}^{\mathrm{r}}$——一个铆钉的受剪和承压承载力设计值的较小值；

　$N_{\mathrm{v}}^{\mathrm{b}}$——一个摩擦型连接的高强度螺栓的受剪承载力设计值；

　　I——梁的毛截面惯性矩；

　　V——剪力；

　　ψ——集中荷载的增大系数；

　　F——作用于腹板的外力；

　　l_{z}——集中荷载在腹板计算高度边缘上的假定分布长度。

6.1.13 梁受压翼缘处柱腹板厚度的计算

在梁的受压翼缘处，柱腹板厚度 t_{w} 应同时满足：

$$t_{\mathrm{w}}\geqslant\frac{A_{\mathrm{fc}}f_{\mathrm{b}}}{b_{\mathrm{e}}f_{\mathrm{c}}}$$

$$t_{\mathrm{w}}\geqslant\frac{h_{\mathrm{c}}}{30}\sqrt{\frac{f_{\mathrm{yc}}}{235}}$$

式中　b_{e}——在垂直于柱翼缘的集中压力作用下，柱腹板计算宽度边缘处压应力的假定分布长度，参照梁的局部压应力计算式，取 $b_{\mathrm{e}}=a+5h_{\mathrm{y}}$，$a$ 为集中压力在柱外边缘分布长度，等于梁翼缘板厚度，h_{y} 为自柱外边缘至柱腹板计算宽度边缘的距离；

t_w——柱腹板厚度；

f_c——柱钢材抗拉、抗压强度设计值；

A_{fc}——梁受压翼缘的截面积；

f_b——梁钢材抗拉、抗压强度设计值；

h_c——柱腹板的宽度；

f_{yc}——柱钢材屈服点。

6.1.14 梁受拉翼缘处柱腹板厚度的计算

在梁的受拉翼缘处，柱翼缘板的厚度 t_c 应满足：

$$t_c \geqslant 0.4 \sqrt{\frac{A_{ft} f_b}{f_c}}$$

式中　A_{ft}——梁受拉翼缘的截面积；

f_c——柱钢材抗拉、抗压强度设计值；

f_b——梁钢材抗拉强度设计值。

6.1.15 柱腹板节点域的计算

由柱翼缘与横向加劲肋包围的柱腹板节点域应按下列规定计算：

$$\frac{M_{b1} + M_{b2}}{V_p} \leqslant \frac{4}{3} f_v$$

式中　M_{b1}、M_{b2}——节点两侧梁端弯矩设计值；

V_p——节点域腹板的体积，柱为 H 形或工字形截面时，$V_p = h_b h_c t_w$，柱为箱形截面时，$V_p = 1.8 h_b h_c t_w$；

h_b——梁腹板高度；

h_c——柱腹板的宽度；

t_w——柱腹板厚度，应满足 $t_w \geqslant (h_c + h_b)/90$；

f_v——钢材的抗剪强度设计值。

6.1.16 连接节点处板件在拉、剪作用下强度的计算

连接节点处板件在拉、剪作用下的强度应按下列公式计算：

$$\frac{N}{\sum(\eta_i A_i)} \leqslant f$$

$$\eta_i = \frac{1}{\sqrt{1 + 2\cos^2\alpha_i}}$$

式中　N——作用于板件的拉力；

A_i——第 i 段破坏面的截面积，$A_i = t l_i$；当为螺栓（或铆钉）连接时，应取净截面面积；

f——钢材的抗弯强度设计值；

t——板件厚度；

l_i——第 i 破坏段的长度，应取板件中最危险的破坏线的长度（如图 6-4 所示）；

η_i——第 i 段的拉剪折算系数；

α_i——第 i 段破坏线与拉力轴线的夹角。

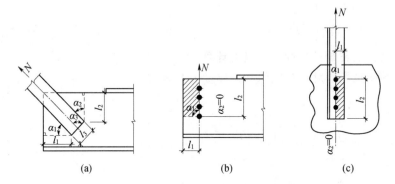

图 6-4　板件的拉、剪撕裂

(a) 焊缝连接；(b) 螺栓（铆钉）连接；(c) 螺栓（铆钉）连接

6.1.17　桁架节点板有效宽度法的强度计算

桁架节点板（杆件为轧制 T 形和双板焊接 T 形截面者除外）的强度可用有效宽度法按下式计算：

$$\sigma = \frac{N}{b_e t} \leqslant f$$

式中　N——作用于板件的拉力；

　　　b_e——板件的有效宽度（如图 6-5 所示），当用螺栓（或铆钉）连接时（如图 6-5b 所示），应减去孔径；

　　　f——钢材的抗弯强度设计值；

　　　t——板件厚度。

6.1.18　弧形支座和辊轴支座反力计算

弧形支座（如图 6-6a 所示）和辊轴支座（如图 6-6b 所示）中圆柱形弧面与平板为线接触，其支座反力 R 应满足下式要求：

$$R \leqslant 40 n d l f^2 / E$$

式中　n——辊轴数目，对弧形支座 $n=1$；

　　　d——对辊轴支座为辊轴直径，对弧形支座为弧形表面接触点曲率半径 r 的 2 倍；

　　　l——弧形表面或辊轴与平板的接触长度；

　　　f——钢材的抗弯强度设计值；

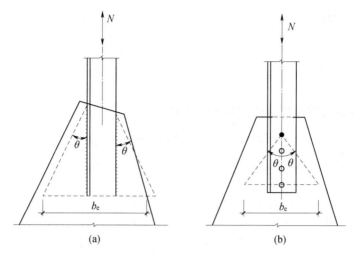

图 6-5 板件的有效宽度

注：θ为应力扩散角，可取30°。

E——钢材的弹性模量。

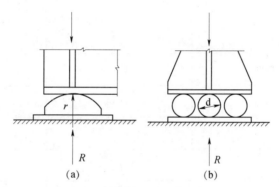

图 6-6 弧形支座与辊轴支座示意图

（a）弧形支座；（b）辊轴支座

6.1.19 铰轴式支座承压应力计算

铰轴式支座的圆柱形枢轴（如图6-7所示），当两相同半径的圆柱形弧面自由接触的中心角 $\theta \geqslant 90°$ 时，其承压应力应按下式计算：

$$\sigma = \frac{2R}{dl} \leqslant f$$

式中 R——支座反力；

d——对辊轴支座为辊轴直径，对弧形支座为弧形表面接触点曲率半径 r 的2倍；

l——弧形表面或辊轴与平板的接触长度；

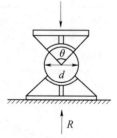

图 6-7 铰轴式
支座示意图

f——钢材的抗弯强度设计值。

6.2 数据速查

6.2.1 每1cm长直角焊缝的承载力设计值

表 6-1   每1cm长直角焊缝的承载力设计值

角焊缝的焊脚尺寸 h_t/mm	受压、受拉、受剪的承载力设计值 N_f^w/kN		
	采用自动焊、半自动焊和用 E43 系列型焊条的手工焊焊接 Q235 钢构件	采用自动焊、半自动焊和用 E50 系列型焊条的手工焊焊接 16Mn 钢、16Mnq 钢构件	采用自动焊、半自动焊和用 E55 系列型焊条的手工焊焊接 15MnV 钢、15MnVq 钢构件
3	3.36	4.20	4.62
4	4.48	5.60	6.16
5	5.60	7.0	7.70
6	6.72	8.4	9.24
8	8.96	11.2	12.3
10	11.2	14.0	15.4
12	13.4	16.8	18.5
14	15.7	19.6	21.6
16	17.9	22.4	24.6
18	20.2	25.2	27.7
20	22.4	28.0	30.8
22	24.6	30.8	33.9
24	26.9	33.6	37.0
26	29.1	36.4	40.0
28	31.4	39.2	43.1

注 1. 对施工条件较差的高空安装焊缝,其承载力设计值应乘以系数 0.9。

2. 单角钢单面连接的直角焊缝,其承载力设计值应按表中的数乘以 0.85。

6.2.2 每1cm长对接焊缝的承载力设计值

表6-2　　　　　　　　每1cm长对接焊缝的承载力设计值

焊接件的较小厚度 t/mm	采用自动焊、半自动焊和用E43系列型焊条的手工焊焊接Q235钢构件				采用自动焊、半自动焊和用E50系列型焊条的手工焊焊接16Mn钢、16Mnq钢构件				采用自动焊、半自动焊和用E55系列型焊条的手工焊焊接15MnV钢、15MnVq钢构件			
	受压的承载力设计值 N_c^w/kN	受拉、受弯的承载力设计值 N_t^w/kN		受剪的承载力设计值 N_v^w/kN	受压的承载力设计值 N_c^w/kN	受拉、受弯的承载力设计值 N_t^w/kN		受剪的承载力设计值 N_v^w/kN	受压的承载力设计值 N_c^w/kN	受拉、受弯的承载力设计值 N_t^w/kN		受剪的承载力设计值 N_v^w/kN
		一、二级焊缝	三级焊缝			一、二级焊缝	三级焊缝			一、二级焊缝	三级焊缝	
4	8.6	8.6	7.4	5.0	12.6	12.6	10.8	7.4	14.0	14.0	12.0	8.2
6	12.9	12.9	11.1	7.5	18.9	18.9	16.2	11.1	21.0	21.0	18.0	12.3
8	17.2	17.2	14.8	10.0	25.2	25.2	21.6	14.8	28.0	28.0	24.0	16.4
10	21.5	21.5	18.5	12.5	31.5	31.5	27.0	18.5	35.0	35.0	30.0	20.5
12	25.8	25.8	22.2	15.0	37.8	37.8	32.4	22.2	42.0	42.0	36.0	24.6
14	30.1	30.1	25.9	17.5	44.1	44.1	37.8	25.9	49.0	49.0	42.0	28.7
16	34.4	34.4	29.6	20.0	50.4	50.4	43.2	29.6	56.0	56.0	48.0	32.8
18	38.7	38.7	33.3	22.5	54.0	54.0	45.9	31.5	60.3	60.3	51.3	35.1
20	43.0	43.0	37.0	25.0	60.0	60.0	51.0	35.0	67.0	67.0	57.0	39.0
22	44.0	44.0	37.4	25.3	66.0	66.0	56.1	38.5	73.7	73.7	62.7	42.9
24	48.0	48.0	40.8	27.6	72.0	72.0	61.2	42.0	80.4	80.4	68.4	46.8
25	50.0	50.0	42.5	28.8	75.0	75.0	63.8	43.8	83.8	83.8	71.3	48.8
26	52.0	52.0	44.2	29.9	75.4	75.4	63.7	44.2	83.2	83.2	70.2	48.1
28	56.0	56.0	47.6	32.2	81.2	81.2	68.6	47.6	89.6	89.6	75.6	51.8
30	60.0	60.0	51.0	34.5	87.0	87.0	73.5	51.0	96.0	96.0	81.0	55.5
32	64.0	64.0	54.4	36.8	92.8	92.8	78.4	54.4	102.4	102.4	86.4	59.2
34	68.0	68.0	57.8	39.1	98.6	98.6	83.3	57.8	108.8	108.8	91.8	62.9
36	72.0	72.0	61.2	41.4	104.4	104.4	88.2	61.2	115.2	115.2	97.2	66.6
38	76.0	76.0	64.6	43.7	—	—	—	—	—	—	—	—
40	80.0	80.0	68.0	46.0	—	—	—	—	—	—	—	—

注　对施工条件较差的高空安装焊缝，其承载力设计值应乘以系数0.9。

6.2.3 一个 Q235 钢普通螺栓的承载力设计值

一个 Q235 钢普通螺栓的承载力设计值

表 6-3

螺栓直径 d /mm	螺栓毛截面积 A /cm²	螺栓有效截面面积 Ae /cm²	构件钢材的钢号	承压的承载力设计值 N_c^b/kN 承压板的厚度 t/mm										受拉的承载力设计值 N_t^b/kN	受剪的承载力设计值 N_v^b/kN	
				5	6	7	8	10	12	14	16	18	20		单剪	双剪
12	1.131	0.843	Q235 钢	24.0	28.8	33.6	38.4	48.0	57.6	67.2	76.8	86.4	96.0	14.3	19.2	38.5
			16Mn 钢、16Mnq 钢	33.0	39.5	46.2	52.8	66.0	79.2	92.4	105.6	114.5	127.2			
			15MnV 钢、15MnVq 钢	34.2	41.0	47.9	54.7	68.4	82.1	95.8	109.4	118.8	132.0			
14	1.539	1.154	Q235 钢	28.0	33.6	39.2	44.8	56.0	67.2	78.4	89.6	100.8	112.0	19.6	26.2	52.3
			16Mn 钢、16Mnq 钢	38.5	46.2	53.9	61.6	77.0	92.4	107.8	123.2	133.6	148.4			
			15MnV 钢、15MnVq 钢	39.5	47.9	55.9	63.8	79.8	95.8	111.7	127.7	138.7	154.0			
16	2.011	1.567	Q235 钢	32.0	38.4	44.8	51.2	64.0	76.8	89.6	102.4	115.2	128.0	26.6	34.2	68.4
			16Mn 钢、16Mnq 钢	44.0	52.8	61.6	70.4	88.0	105.6	123.2	140.8	152.6	169.6			
			15MnV 钢、15MnVq 钢	45.6	54.7	63.8	73.0	91.2	109.4	127.7	145.9	158.4	176.0			
18	2.545	1.925	Q235 钢	36.0	43.2	50.4	57.6	72.0	86.4	100.8	115.2	129.6	144.0	32.7	43.3	86.5
			16Mn 钢、16Mnq 钢	49.5	59.4	69.3	79.2	99.0	118.8	138.6	158.4	171.7	190.8			
			15MnV 钢、15MnVq 钢	51.3	61.6	71.8	82.1	102.6	123.1	143.6	164.2	178.2	198.0			
20	3.142	2.448	Q235 钢	40.0	48.0	56.0	64.0	80.0	96.0	112.0	128.0	144.0	160.0	41.6	53.4	106.8
			16Mn 钢、16Mnq 钢	55.0	66.0	77.0	88.0	110.0	132.0	154.0	176.0	190.8	212.0			
			15MnV 钢、15MnVq 钢	57.0	68.4	79.8	91.2	114.0	136.8	159.6	182.4	198.0	220.0			
22	3.801	3.034	Q235 钢	44.0	52.8	61.6	70.4	88.0	105.6	123.2	140.8	158.4	176.0	51.6	64.6	129.2
			16Mn 钢、16Mnq 钢	60.5	72.6	84.7	96.8	121.0	145.2	169.4	193.6	209.9	233.2			
			15MnV 钢、15MnVq 钢	62.7	75.2	87.8	100.3	125.4	150.5	175.5	200.6	217.8	242.0			
24	4.524	3.525	Q235 钢	48.0	57.6	67.2	76.8	96.0	115.2	134.4	153.6	172.8	192.0	59.9	76.9	153.8
			16Mn 钢、16Mnq 钢	66.0	79.2	92.4	105.6	132.0	158.4	184.8	211.2	229.0	254.4			
			15MnV 钢、15MnVq 钢	68.4	82.1	95.8	109.4	136.8	164.2	191.5	218.9	237.6	264.0			

A级、B级螺栓

A 级、B 级螺栓

| 螺栓直径 d/mm | 螺栓毛截面面积 A/cm² | 螺栓有效截面面积 A_e/cm² | 构件钢材的钢号 | 承压的承载力设计值 N_c^b/kN 承压板的厚度 t/mm | | | | | | | | | | 受拉的承载力设计值 N_t^b/kN | 受剪的承载力设计值 N_v^b/kN | |
				5	6	7	8	10	12	14	16	18	20		单剪	双剪
27	5.726	4.594	Q235 钢	54.0	64.8	75.6	86.4	108.0	129.6	151.2	172.8	194.4	216.0	78.1	97.3	194.7
			16Mn 钢、16Mnq 钢	74.3	89.1	104.0	118.8	148.5	178.2	207.9	237.6	257.6	286.0			
			15MnV 钢、15MnVq 钢	77.0	92.3	107.7	123.1	153.9	184.7	215.5	246.2	267.3	297.0			
30	7.069	5.606	Q235 钢	60.0	72.0	84.0	96.0	120.0	144.0	168.0	192.0	216.0	240.0	95.3	120.2	240.3
			16Mn 钢、16Mnq 钢	82.5	99.0	115.5	132.0	165.0	198.0	231.0	264.0	286.0	318.0			
			15MnV 钢、15MnVq 钢	85.5	102.6	119.7	136.8	171.0	205.2	239.4	273.6	297.0	330.0			

C 级螺栓

| 螺栓直径 d/mm | 螺栓毛截面面积 A/cm² | 螺栓有效截面面积 A_e/cm² | 构件钢材的钢号 | 承压的承载力设计值 N_c^b/kN 承压板的厚度 t/mm | | | | | | | | | | 受拉的承载力设计值 N_t^b/kN | 受剪的承载力设计值 N_v^b/kN | |
				5	6	7	8	10	12	14	16	18	20		单剪	双剪
12	1.131	0.843	Q235 钢	18.3	22.0	25.6	29.3	36.6	43.9	51.2	58.6	65.9	73.2	14.3	14.7	19.4
			16Mn 钢、16Mnq 钢	25.2	30.2	35.3	40.3	50.4	60.5	70.6	80.6	86.4	96.0			
			15MnV 钢、15MnVq 钢	26.1	31.3	36.5	41.8	52.2	62.6	73.1	83.5	90.7	100.8			
14	1.539	1.154	Q235 钢	21.4	25.6	29.9	34.2	42.7	51.2	59.8	68.3	76.9	85.4	19.6	20.0	40.0
			16Mn 钢、16Mnq 钢	29.4	35.3	41.2	47.0	58.8	70.6	82.3	94.1	100.8	112.0			
			15MnV 钢、15MnVq 钢	30.5	36.5	42.6	48.7	60.9	73.1	85.3	97.4	105.8	117.6			
16	2.011	1.567	Q235 钢	24.4	29.3	34.2	39.0	48.8	58.6	68.3	78.1	87.8	97.6	26.6	26.1	52.3
			16Mn 钢、16Mnq 钢	33.6	40.3	47.0	53.8	67.2	80.6	94.1	107.5	115.2	128.0			
			15MnV 钢、15MnVq 钢	34.8	41.8	48.7	55.7	69.6	83.5	97.4	111.4	121.0	134.4			

C级螺栓

螺栓直径 d/mm	螺栓毛截面积 A /cm²	螺栓有效截面面积 A_e /cm²	构件钢材的钢号	承压的承载力设计值 N_c^b/kN 承压板的厚度 t/mm										受拉的承载力设计值 N_t^b /kN	受剪的承载力设计值 N_v^b/kN 单剪	双剪
				5	6	7	8	10	12	14	16	18	20			
18	2.545	1.925	Q235钢	27.5	32.9	38.4	43.9	54.9	65.9	76.9	87.8	98.8	109.8	32.7	33.1	66.2
			16Mn钢、16Mnq钢	37.8	45.4	52.9	60.5	75.6	90.7	105.8	121.0	129.6	144.0			
			15MnV钢、15MnVq钢	39.2	47.0	54.8	62.6	78.3	94.0	109.6	125.3	136.1	151.2			
20	3.142	2.448	Q235钢	30.5	36.6	42.7	48.8	61.0	73.2	85.4	97.6	109.8	122.0	41.6	40.8	81.7
			16Mn钢、16Mnq钢	42.0	50.4	58.8	67.2	84.0	100.8	117.6	134.4	144.0	160.0			
			15MnV钢、15MnVq钢	43.5	52.2	60.9	69.6	87.0	104.4	121.6	139.2	151.2	168.0			
22	3.801	3.034	Q235钢	33.6	40.3	47.0	53.7	67.1	80.5	93.9	107.4	120.8	134.2	51.6	49.4	98.8
			16Mn钢、16Mnq钢	46.2	55.4	64.7	73.9	92.4	110.9	129.4	147.8	158.4	176.0			
			15MnV钢、15MnVq钢	47.9	57.4	67.0	76.6	95.7	114.8	134.0	153.1	166.3	184.8			
24	4.524	3.525	Q235钢	36.6	43.9	51.2	58.6	73.2	87.8	102.5	117.1	131.8	146.4	59.9	58.8	117.6
			16Mn钢、16Mnq钢	50.4	60.5	70.6	80.6	100.8	121.0	141.1	161.3	172.8	192.0			
			15MnV钢、15MnVq钢	52.2	62.4	73.1	83.5	104.4	125.3	146.2	167.0	181.4	201.6			
27	5.726	4.594	Q235钢	41.2	49.4	57.6	65.9	82.4	98.8	115.3	131.8	148.2	164.7	78.1	74.4	148.9
			16Mn钢、16Mnq钢	56.7	68.0	79.4	90.7	113.4	136.1	158.8	181.4	194.4	216.0			
			15MnV钢、15MnVq钢	58.7	70.5	82.2	94.0	117.5	140.9	164.4	187.9	204.1	226.8			
30	7.069	5.606	Q235钢	45.8	54.9	64.1	73.2	91.5	109.8	128.1	146.4	164.7	183.0	95.3	91.9	183.8
			16Mn钢、16Mnq钢	63.0	75.6	88.2	100.8	126.0	151.2	176.4	201.6	216.0	240.0			
			15MnV钢、15MnVq钢	65.3	78.3	91.4	104.4	130.4	156.6	182.7	208.8	226.8	252.0			

表6-4　一个摩擦型高强度螺栓的承载力设计值

螺栓的性能等级	构件钢材的钢号	构件在连接处接触面的处理方法	单剪						双剪					
			16	20	22	24	27	30	16	20	22	24	27	30
8.8级	Q235钢	喷砂	28.4	44.6	54.7	62.8	83.0	101.3	56.7	89.1	109.4	125.6	166.0	202.5
		喷砂后涂无机富锌漆	22.1	34.7	42.5	48.8	64.6	78.8	44.1	69.3	85.1	97.7	129.2	157.5
		喷砂后生赤锈	28.4	44.6	54.7	62.8	83.0	101.3	56.7	89.1	109.4	125.6	166.0	202.5
		钢丝刷清除浮锈或未经处理的干净轧制表面	18.9	29.7	36.5	41.9	55.4	67.5	37.8	59.4	72.9	85.7	110.7	135.0
	16Mn钢、16Mnq钢	喷砂	34.7	54.5	66.8	76.7	101.5	123.8	69.3	108.9	133.7	153.5	203.0	247.5
		喷砂后涂无机富锌漆	25.2	39.6	48.6	55.8	73.8	90.0	50.4	79.2	97.2	111.6	147.6	180.0
		喷砂后生赤锈	34.7	54.5	66.8	76.7	101.5	123.8	69.3	108.9	133.7	153.5	203.0	247.5
		钢丝刷清除浮锈或未经处理的干净轧制表面	22.1	34.7	42.5	48.8	64.6	78.8	44.1	69.3	85.1	97.7	129.2	157.5
	15MnV钢、15MnVq钢	喷砂	34.7	54.5	66.8	76.7	101.5	123.8	69.3	108.9	133.7	153.5	203.0	247.5
		喷砂后涂无机富锌漆	25.2	39.6	48.6	55.8	73.8	90.0	50.4	79.2	97.2	111.6	147.6	180.0
		喷砂后生赤锈	34.7	54.5	66.8	76.7	101.5	123.8	69.3	108.9	133.7	153.5	203.0	247.5
		钢丝刷清除浮锈或未经处理的干净轧制表面	22.1	34.7	42.5	48.8	64.6	78.8	44.1	69.3	85.1	97.7	129.2	157.5
10.9级	Q235钢	喷砂	40.5	62.8	77.0	91.1	117.5	143.8	81.0	125.6	153.9	182.2	234.9	287.5
		喷砂后涂无机富锌漆	31.5	48.8	59.9	70.9	91.4	111.8	63.0	97.7	119.7	141.8	182.7	223.7
		喷砂后生赤锈	40.5	62.8	77.0	91.1	117.5	143.8	81.0	125.6	153.9	182.2	234.9	287.5
		钢丝刷清除浮锈或未经处理的干净轧制表面	27.0	41.9	51.3	60.8	78.3	95.9	54.0	83.7	102.6	121.5	156.6	191.7
	16Mn钢、16Mnq钢	喷砂	49.5	76.7	94.1	111.4	143.6	175.7	99.0	153.5	188.1	222.8	287.1	351.5
		喷砂后涂无机富锌漆	36.0	55.8	68.4	81.0	104.4	127.8	72.0	111.6	136.8	162.0	208.8	255.6
		喷砂后生赤锈	49.5	76.7	94.1	111.4	143.6	175.7	99.0	153.5	188.1	222.8	287.1	351.5
		钢丝刷清除浮锈或未经处理的干净轧制表面	31.5	48.8	59.9	70.9	91.4	111.7	63.0	97.7	119.7	141.8	182.7	223.7

抗剪的承载力设计值 N_v^b/kN

当螺栓直径 d/mm

螺栓的性能等级	构件钢材的钢号	构件在连接接触面面的处理方法	抗剪的承载力设计值 N^b/kN											
			单剪						双剪					
			当螺栓直径 d/mm						当螺栓直径 d/mm					
			16	20	22	24	27	30	16	20	22	24	27	30
10.9级	15MnV钢、15MnVq钢	喷砂	49.5	76.7	94.1	111.4	143.6	175.7	99.0	153.5	188.1	222.8	287.1	351.5
		喷砂后涂无机富锌漆	36.0	55.8	68.4	81.0	104.4	127.8	72.0	111.6	136.8	162.0	208.8	255.6
		喷砂后生赤锈	49.5	76.7	94.1	111.4	143.6	175.7	99.0	153.5	188.1	222.8	287.1	351.5
		钢丝刷清除浮锈或未经处理的干净轧制表面	31.5	48.8	59.9	70.9	91.4	111.8	63.0	97.7	119.7	141.8	182.7	223.7

注 单面单面连接的高强度螺栓，其承载力设计值应按表中的数乘以0.85。

6.2.5 高强度螺栓摩擦面的抗滑移系数

表6-5 摩擦面的抗滑移系数 μ

在连接处构件接触面的处理方法	构件的钢号		
	Q235钢	Q345钢、Q390钢	Q420钢
喷砂（丸）	0.45	0.50	0.50
喷砂（丸）后涂无机富锌漆	0.35	0.40	0.40
喷砂（丸）后生赤锈	0.45	0.50	0.50
钢丝刷清除浮锈或未经处理的干净轧制表面	0.30	0.35	0.40

6.2.6 一个高强度螺栓的预拉力

表6-6 一个高强度螺栓的预拉力 P （单位：kN）

螺栓的性能等级	螺栓公称直径/mm					
	M16	M20	M22	M24	M27	M30
8.8级	80	125	150	175	230	280
10.9级	100	155	190	225	290	355

6.2.7 一个承压型高强度螺栓的承载力设计值

表 6-7 一个承压型高强度螺栓的承载力设计值

螺栓的性能等级	螺栓直径 d /mm	螺栓毛截面面积 A /cm^2	螺栓有效截面面积 A_e /cm^2	构件钢材的钢号	承压的承载力设计值 N_c^b/kN 当承压板的厚度 t/mm 6	7	8	10	12	14	16	18	20	受拉的承载力设计值 N_t^b /kN	受剪的承载力设计值 N_v^b/kN 承剪面在螺杆处 单剪	承剪面在螺杆处 双剪	承剪面在螺纹处 单剪	承剪面在螺纹处 双剪
8.8 级	16	2.011	1.567	Q235 钢	44.6	52.1	59.5	74.4	89.3	104.2	119.0	133.9	148.8	56.0	50.3	100.6	39.2	78.4
				16Mn 钢、16Mnq 钢	61.4	71.7	81.9	102.4	122.9	143.4	163.8	177.1	196.8					
				15MnV 钢、15MnVq 钢	63.8	74.5	85.1	106.4	127.7	149.0	170.2	184.3	204.8					
	20	3.142	2.448	Q235 钢	55.8	65.1	74.4	93.0	111.6	130.2	148.8	167.4	186.0	88.0	78.5	157.0	61.1	122.4
				16Mn 钢、16Mnq 钢	76.8	89.6	102.4	128.0	153.6	179.2	204.8	221.4	246.0					
				15MnV 钢、15MnVq 钢	79.8	93.1	106.4	133.0	159.6	186.2	212.8	230.4	256.0					
	22	3.801	3.034	Q235 钢	61.4	71.6	81.8	102.3	122.8	143.2	163.7	184.1	204.6	108	95.0	190.1	75.9	151.7
				16Mn 钢、16Mnq 钢	84.5	98.6	112.6	140.8	169.0	197.1	225.3	243.5	270.6					
				15MnV 钢、15MnVq 钢	87.8	102.4	117.0	146.3	175.6	204.8	234.1	253.4	281.6					
	24	4.524	3.525	Q235 钢	67.0	78.1	89.3	111.6	133.9	156.2	178.6	200.9	223.2	124	113.1	226.2	88.1	176.3
				16Mn 钢、16Mnq 钢	92.2	107.5	122.9	153.6	184.3	215.0	245.8	265.7	295.2					
				15MnV 钢、15MnVq 钢	95.8	111.7	127.7	159.6	191.5	223.4	255.4	276.5	307.2					
	27	5.726	4.594	Q235 钢	75.3	87.9	100.4	125.6	150.7	175.8	200.9	226.0	251.1	164	143.2	286.3	114.9	229.7
				16Mn 钢、16Mnq 钢	103.7	121.0	138.2	172.8	207.4	241.9	276.5	298.9	332.1					
				15MnV 钢、15MnVq 钢	107.7	125.7	143.6	179.6	215.5	251.4	287.3	311.0	345.6					
	30	7.069	5.606	Q235 钢	83.7	97.7	111.6	139.5	167.4	195.3	223.2	251.1	279.0	200	176.7	353.5	140.2	280.3
				16Mn 钢、16Mnq 钢	115.2	134.4	153.6	192.0	203.4	268.8	307.2	332.1	369.6					
				15MnV 钢、15MnVq 钢	119.7	139.7	159.6	199.5	239.4	279.3	319.2	345.6	284.0					

螺栓的性能等级	螺栓直径 d/mm	螺栓毛截面积 A/cm²	螺栓有效截面积 A_e/cm²	构件钢材的钢号	承压的承载力设计值 N_c^b/kN 当承压板的厚度 t/mm									受拉的承载力设计值 N_t^b/kN	受剪的承载力设计值 N_v^b/kN 承剪面在螺杆处 单剪	双剪	承剪面在螺纹处 单剪	双剪
					6	7	8	10	12	14	16	18	20					
10.9级	16	2.011	1.567	Q235钢	44.6	52.1	59.5	74.4	89.3	104.2	119.0	133.9	148.8	80.0	62.3	124.7	48.6	97.2
				16Mn钢、16Mnq钢	61.4	71.7	81.9	102.4	122.9	143.4	163.8	177.1	196.8					
				15MnV钢、15MnVq钢	63.8	74.5	85.1	106.4	127.7	149.0	170.2	184.3	204.8					
	20	3.142	2.448	Q235钢	55.8	65.1	74.4	93.0	111.6	130.2	148.8	167.4	186.0	124	97.4	194.8	75.9	151.8
				16Mn钢、16Mnq钢	76.8	89.6	102.4	128.0	153.6	179.2	204.8	221.4	246.0					
				15MnV钢、15MnVq钢	79.8	93.1	106.4	133.0	159.6	186.2	212.8	230.4	256.0					
	22	3.801	3.034	Q235钢	61.4	71.6	81.8	102.3	122.8	143.2	163.7	184.1	204.6	152	117.8	235.7	94.1	188.1
				16Mn钢、16Mnq钢	84.5	98.6	112.6	140.8	169.0	197.1	225.3	243.5	270.6					
				15MnV钢、15MnVq钢	87.8	102.4	117.0	146.3	175.6	204.8	234.1	253.4	281.6					
	24	4.524	3.525	Q235钢	67.0	78.1	89.3	111.6	133.9	156.2	178.6	200.9	223.2	180	140.2	280.5	109.3	218.6
				16Mn钢、16Mnq钢	92.2	107.5	122.9	153.6	184.3	215.0	245.8	265.7	295.2					
				15MnV钢、15MnVq钢	95.8	111.7	127.7	159.6	191.5	223.4	255.4	276.5	307.2					
	27	5.726	4.594	Q235钢	75.3	87.9	100.4	125.6	150.7	175.8	200.9	226.0	251.1	232	177.5	355.0	142.4	284.8
				16Mn钢、16Mnq钢	103.7	121.0	138.2	172.8	207.4	241.9	276.5	298.9	332.1					
				15MnV钢、15MnVq钢	107.7	125.7	143.6	179.6	215.5	251.4	287.3	311.0	345.6					
	30	7.069	5.606	Q235钢	83.7	97.7	111.6	139.5	167.4	195.3	223.2	251.1	279.0	284	219.1	438.3	173.8	347.6
				16Mn钢、16Mnq钢	115.2	134.4	153.6	192.0	230.4	268.8	307.2	332.1	369.6					
				15MnV钢、15MnVq钢	119.7	139.7	159.6	199.5	239.4	279.3	319.2	345.6	284.0					

注　单角钢单面连接的高强度螺栓，其承载力设计值应按表中的数乘以 0.85。

6.2.8 焊条电弧焊全焊透坡口形式和尺寸

表 6 - 8　　　　　　　　　　焊条电弧焊全焊透坡口形式和尺寸

序号	标记	坡口形状示意图	板厚/mm	焊接位置	坡口尺寸/mm		备注
1	MC - BI - 2　　MC - TI - 2　　MC - CI - 2		3～6	F H V O	$b=\dfrac{t}{2}$		清根
2	MC - BI - B1　　MC - CI - B1		3～6	F H V O	$b=t$		
3	MC - BV - 2　　MC - CV - 2		≥6	F H V O	$b=0\sim3$　$p=0\sim3$　$\alpha_1=60°$		清根
4	MC - BV - B1		≥6	F, H V, O	b：6、10、13　　α_1：45°、30°、20°　　$p=0\sim2$		
	MC - CV - B1		≥12	F, V O	b：6、10、13　　α_1：45°、30°、20°　　$p=0\sim2$		

序号	标记	坡口形状示意图	板厚/mm	焊接位置	坡口尺寸/mm		备注
5	MC – BL – 2		≥6	F H V O	$b=0\sim3$ $p=0\sim3$ $\alpha_1=45°$		清根
	MC – TL – 2						
	MC – CL – 2						
6	MC – BL – B1		≥6	F H V O	b	α_1	清根
	MC – TL – B1			F, H V, O (F, V, O)	6 (10)	45° (30°)	
	MC – CL – B1			F, H V, O (F, V, O)	$p=0\sim2$		
7	MC – BX – 2		≥16	F H V O	$b=0\sim3$ $H_1=\dfrac{2}{3}(t-p)$ $p=0\sim3$ $H_2=\dfrac{1}{3}(t-p)$ $\alpha_1=45°$ $\alpha_2=60°$		清根

序号	标记	坡口形状示意图	板厚 /mm	焊接 位置	坡口尺寸 /mm	备注
8	MC-BK-2		≥6	F H V O	$b=0\sim3$ $H_1=\dfrac{2}{3}(t-p)$ $p=0\sim3$ $H_2=\dfrac{1}{3}(t-p)$ $\alpha_1=45°$ $\alpha_2=60°$	清根
	MC-TK-2					
	MC-CK-2					

6.2.9 气体保护焊、自保护全焊透坡口形式和尺寸

表 6-9   气体保护焊、自保护焊全焊透坡口形式和尺寸

序号	标记	坡口形状示意图	板厚 /mm	焊接 位置	坡口尺寸 /mm	备注
1	GC-BI-2		3~8	F H V O	$b=0\sim3$	清根
	GC-TI-2					
	GC-CI-2					
2	GC-BI-B1		6~10	F H V O	$b=t$	
	GC-CI-B1					

序号	标记	坡口形状示意图	板厚/mm	焊接位置	坡口尺寸/mm		备注
3	GC‑BV‑2 GC‑CV‑2		≥6	F H V O	$b=0\sim3$ $p=0\sim3$ $\alpha_1=60°$		清根
4	GC‑BV‑B1 GC‑CV‑B1		≥6 ≥12	F V O	b 6 10 $p=0\sim2$	α_1 45° 30°	
5	GC‑BL‑2 GC‑TL‑2 GC‑CL‑2		≥6	F H V O	$b=0\sim3$ $p=0\sim3$ $\alpha_1=45°$		清根

序号	标记	坡口形状示意图	板厚/mm	焊接位置	坡口尺寸/mm		备注
6	GC – BL – B1			F，H V，O	b	α_1	
					6	$45°$	
				（F）	（10）	（30°）	
	GC – TL – B1		≥6		$p=0\sim2$		
	GC – CL – B1						
7	GC – BX – 2		≥16	F H V O	$b=0\sim3$ $H_1=\dfrac{2}{3}(t-p)$ $p=0\sim3$ $H_2=\dfrac{1}{3}(t-p)$ $\alpha_1=45°$ $\alpha_2=60°$		清根
8	GC – BK – 2		≥6	F H V O	$b=0\sim3$ $H_1=\dfrac{2}{3}(t-p)$ $p=0\sim3$ $H_2=\dfrac{1}{3}(t-p)$ $\alpha_1=45°$ $\alpha_2=60°$		清根
	GC – TK – 2						
	GC – CK – 2						

6.2.10 埋弧焊全焊透坡口形式和尺寸

表 6 - 10　　　　　　　　　埋弧焊全焊透坡口形式和尺寸

序号	标记	坡口形状示意图	板厚 /mm	焊接 位置	坡口尺寸 /mm	备注
1	SC - BI - 2		6~12	F		
	SC - TI - 2			F	$b=0$	清根
	SC - CI - 2		6~10	F		
2	SC - BI - B1		6~10	F	$b=t$	
	SC - CI - B1					
3	SC - BV - 2		≥12	F	$b=0$ $H_1=t-p$ $p=6$ $\alpha_1=60°$	清根
	SC - CV - 2		≥10	F	$b=0$ $p=6$ $\alpha_1=60°$	清根
4	SC - BV - B1		≥10	F	$b=8$ $H_1=t-p$ $p=2$ $\alpha_1=30°$	
	SC - CV - B1					

序号	标记	坡口形状示意图	板厚 /mm	焊接位置	坡口尺寸 /mm	备注
5	SC - BL - 2		≥12	F		清根
			≥10	H	$b=0$ $H_1=t-p$ $p=6$ $\alpha_1=55°$	
	SC - TL - 2		≥8	F	$b=0$ $H_1=t-p$ $p=6$ $\alpha_1=60°$	清根
	SC - CL - 2		≥8	F	$b=0$ $H_1=t-p$ $p=6$ $\alpha_1=55°$	
6	SC - BL - B1		≥10	F		
	SC - TL - B1					
	SC - CL - B1					

坡口尺寸 /mm（序号6）:

b	α_1
6	45°
10	30°
$p=2$	

序号	标记	坡口形状示意图	板厚/mm	焊接位置	坡口尺寸/mm	备注
7	SC - BX - 2		≥20	F	$b=0$ $H_1=\dfrac{2}{3}(t-p)$ $p=6$ $H_2=\dfrac{1}{3}(t-p)$ $\alpha_1=45°$ $\alpha_2=60°$	清根
8	SC - BK - 2		≥20	F	$b=0$ $H_1=\dfrac{2}{3}(t-p)$ $p=5$ $H_2=\dfrac{1}{3}(t-p)$ $\alpha_1=45°$ $\alpha_2=60°$	清根
			≥20	H		
	SC - TK - 2		≥20	F	$b=0$ $H_1=\dfrac{2}{3}(t-p)$ $p=5$ $H_2=\dfrac{1}{3}(t-p)$ $\alpha_1=45°$ $\alpha_2=60°$	清根
	SC - CK - 2		≥20	F	$b=0$ $H_1=\dfrac{2}{3}(t-p)$ $p=5$ $H_2=\dfrac{1}{3}(t-p)$ $\alpha_1=45°$ $\alpha_2=60°$	清根

6.2.11 焊条电弧焊部分焊透坡口形式和尺寸

表 6-11   焊条电弧焊部分焊透坡口形式和尺寸

序号	标记	坡口形状示意图	板厚 /mm	焊接位置	坡口尺寸 /mm	备注
1	MP-BI-1		3~6	F H V O	$b=0$	
	MP-CI-1					
2	MP-BI-2		3~6	F H V O	$b=0$	
	MP-CI-2		6~10	F H V O	$b=0$	
3	MP-BV-1		≥6	F H V O	$b=0$ $H_1 \geqslant 2\sqrt{t}$ $p=t-H_1$ $\alpha_1=60°$	
	MP-BV-2					
	MP-CV-1					
	MP-CV-2					

序号	标记	坡口形状示意图	板厚 /mm	焊接位置	坡口尺寸 /mm	备注
4	MP－BL－1		≥6	F H V O	$b=0$ $H_1 \geqslant 2\sqrt{t}$ $p=t-H_1$ $\alpha_1=45°$	
	MP－BL－2					
	MP－CL－1					
	MP－CL－2					
5	MP－TL－1		≥10	F H V O	$b=0$ $H_1 \geqslant 2\sqrt{t}$ $p=t-H_1$ $\alpha_1=45°$	
	MP－TL－2					
6	MP－BX－2		≥25	F H V O	$b=0$ $H_1 \geqslant 2\sqrt{t}$ $p=t-H_1-H_2$ $H_2 \geqslant 2\sqrt{t}$ $\alpha_1=60°$ $\alpha_2=60°$	

序号	标记	坡口形状示意图	板厚/mm	焊接位置	坡口尺寸/mm	备注
7	MP - BK - 2		≥25	F H V O	$b=0$ $H_1 \geqslant 2\sqrt{t}$ $p=t-H_1-H_2$ $H_2 \geqslant 2\sqrt{t}$ $\alpha_1=45°$ $\alpha_2=45°$	
	MP - TK - 2					
	MP - CK - 2					

6.2.12 气体保护焊、自保护焊部分焊透坡口形式和尺寸

表 6-12   气体保护焊、自保护焊部分焊透坡口形式和尺寸

序号	标记	坡口形状示意图	板厚/mm	焊接位置	坡口尺寸/mm	备注
1	GP - BI - 1		3～6	F H V O	$b=0$	
	GP - CI - 1					
2	GP - BI - 2		3～10	F H V O	$b=0$	
	GP - CI - 2		10～12			

序号	标记	坡口形状示意图	板厚 /mm	焊接位置	坡口尺寸 /mm	备注
3	GP - BV - 1		≥6	F H V O	$b=0$ $H_1 \geqslant 2\sqrt{t}$ $p=t-H_1$ $\alpha_1=60°$	
	GP - BV - 2					
	GP - CV - 1					
	GP - CV - 2					
4	GP - BL - 1		≥6	F H V O	$b=0$ $H_1 \geqslant 2\sqrt{t}$ $p=t-H_1$ $\alpha_1=45°$	
	GP - BL - 2					
	GP - CL - 1		6~24			
	GP - CL - 2					

序号	标记	坡口形状示意图	板厚 /mm	焊接位置	坡口尺寸 /mm	备注
5	GP - TL - 1 GP - TL - 2		≥10	F H V O	$b=0$ $H_1 \geqslant 2\sqrt{t}$ $p=t-H_1$ $\alpha_1=45°$	
6	GP - BX - 2		≥25	F H V O	$b=0$ $H_1 \geqslant 2\sqrt{t}$ $p=t-H_1-H_2$ $H_2 \geqslant 2\sqrt{t}$ $\alpha_1=60°$ $\alpha_2=60°$	
7	GP - BK - 2 GP - TK - 2 GP - CK - 2		≥25	F H V O	$b=0$ $H_1 \geqslant 2\sqrt{t}$ $p=t-H_1-H_2$ $H_2 \geqslant 2\sqrt{t}$ $\alpha_1=45°$ $\alpha_2=45°$	

6.2.13 埋弧焊部分焊透坡口形式和尺寸

表 6 - 13   埋弧焊部分焊透坡口形式和尺寸

序号	标记	坡口形状示意图	板厚/mm	焊接位置	坡口尺寸/mm	备注
1	SP - BI - 1 SP - CI - 1		6~12	F	$b=0$	
2	SP - BI - 2 SP - CI - 2		6~20	F	$b=0$	
3	SP - BV - 1 SP - BV - 2 SP - CV - 1 SP - CV - 2		≥14	F	$b=0$ $H_1 \geqslant 2\sqrt{t}$ $p=t-H_1$ $\alpha_1=60°$	

序号	标记	坡口形状示意图	板厚 /mm	焊接位置	坡口尺寸 /mm	备注
4	SP－BL－1		≥14	F H	$b=0$ $H_1 \geqslant 2\sqrt{t}$ $p=t-H_1$ $\alpha_1=60°$	
	SP－BL－2					
	SP－CL－1					
	SP－CL－2					
5	SP－TL－1		≥14	F H	$b=0$ $H_1 \geqslant 2\sqrt{t}$ $p=t-H_1$ $\alpha_1=60°$	
	SP－TL－2					
6	SP－BX－2		≥25	F	$b=0$ $H_1 \geqslant 2\sqrt{t}$ $p=t-H_1-H_2$ $H_2 \geqslant 2\sqrt{t}$ $\alpha_1=60°$ $\alpha_2=60°$	

序号	标记	坡口形状示意图	板厚 /mm	焊接 位置	坡口尺寸 /mm	备注
7	SP-BK-2		≥25	F H	$b=0$ $H_1 \geqslant 2\sqrt{t}$ $p=t-H_1-H_2$ $H_2 \geqslant 2\sqrt{t}$ $\alpha_1=60°$ $\alpha_2=60°$	
	SP-TK-2					
	SP-CK-2					

7

轻型钢结构设计计算

7.1 公式速查

7.1.1 压型钢板受压翼缘纵向加劲肋的确定

压型钢板受压翼缘的纵向加劲肋应符合下列规定：

边加劲肋

$$I_{es} \geq 1.83t^4 \sqrt{\left(\frac{b}{t}\right)^2 - \frac{27100}{f_y}}$$

且

$$I_{es} \geq 9t^4$$

中间加劲肋

$$I_{is} \geq 3.66t^4 \sqrt{\left(\frac{b_s}{t}\right)^2 - \frac{27100}{f_y}}$$

且

$$I_{is} \geq 18t^4$$

式中　I_{es}——边加劲肋截面对平行于被加劲板件截面之重心轴的惯性矩；

I_{is}——中间加劲肋截面对平行于被加劲板件截面之重心轴的惯性矩；

b_s——子板件的宽度；

b——边加劲板件的宽度；

t——板件的厚度；

f_y——钢材的屈服强度。

7.1.2 压型钢板腹板剪应力的计算

压型钢板腹板的剪应力应符合下列公式的要求：

当 $h/t < 100$ 时

$$\tau \leq \tau_{cr} = \frac{8550}{(h/t)}$$

$$\tau \leq f_v$$

当 $h/t \geq 100$ 时

$$\tau \leq \tau_{cr} = \frac{855000}{(h/t)^2}$$

式中　τ——腹板的平均剪应力（N/mm²）；

τ_{cr}——腹板的剪切屈曲临界剪应力；

h/t——腹板的高厚比；

f_v——钢材的抗剪强度设计值（压型钢板基材）。

7.1.3 压型钢板支座处的腹板局部受压承载力的验算

压型钢板支座处的腹板，应按下式验算其局部受压承载力：

$$R \leqslant R_w$$

$$R_w = \alpha t^2 \sqrt{fE}\left(0.5 + \sqrt{0.02 l_c/t}\,\right)\left[2.4 + (\theta/90)^2\right]$$

式中　R——支座反力；

R_w——一块腹板的局部受压承载力设计值；

α——系数，中间支座 $\alpha = 0.12$，端部支座 $\alpha = 0.06$；

t——腹板厚度（mm）；

f——钢材的抗弯强度设计值；

E——钢材的弹性模量；

l_c——支座处的支承长度，$10\text{mm} < l_c < 200\text{mm}$，端部支座可取 $l_c = 10\text{mm}$；

θ——腹板倾角（$45° \leqslant \theta \leqslant 90°$）。

7.1.4　压型钢板同时承受弯矩和支座反力的截面计算

压型钢板同时承受弯矩 M 和支座反力 R 的截面，应满足下列要求：

$$M/M_u \leqslant 1.0$$

$$R/R_w \leqslant 1.0$$

$$M/M_u + R/R_w \leqslant 1.25$$

$$M_u = W_e f$$

式中　M——弯矩；

M_u——截面的弯曲承载力设计值；

R——支座反力；

R_w——一块腹板的局部受压承载力设计值；

W_e——有效截面模量；

f——钢材的抗弯强度设计值。

7.1.5　压型钢板同时承受弯矩和剪力的截面计算

压型钢板同时承受弯矩 M 和剪力 V 的截面，应满足下列要求：

$$\left(\frac{M}{M_u}\right)^2 + \left(\frac{V}{V_u}\right)^2 \leqslant 1$$

$$V_u = (ht \cdot \sin\theta)\tau_{cr}$$

式中　M——弯矩；

M_u——截面的弯曲承载力设计值；

V——剪力；

V_u——腹板的抗剪承载力设计值；

h——腹板的高度；

t——腹板的厚度；

τ_{cr}——腹板的剪切屈曲临界剪应力，$\begin{cases} \blacktriangle\text{当 } h/t < 100 \text{ 时} \\ \blacksquare\text{当 } h/t \geqslant 100 \text{ 时} \end{cases}$

▲　当 $h/t<100$ 时：

$$\tau_{cr} = \frac{8550}{(h/t)}$$

式中　h/t——腹板的高厚比。

■　当 $h/t \geqslant 100$ 时：

$$\tau_{cr} = \frac{855000}{(h/t)^2}$$

式中　h/t——腹板的高厚比。

7.1.6　压型钢板上集中荷载换算为均布线荷载

在压型钢板的一个波距上作用集中荷载 F 时，可按下式将集中荷载 F 折算成沿板宽方向的均布线荷载 q_{re}（如图 7-1 所示），并按 q_{re} 进行单个波距或整块压型钢板有效截面的弯曲计算。

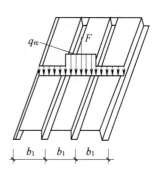

$$q_{re} = \eta \frac{F}{b_1}$$

式中　F——集中荷载；

　　　b_1——压型钢板的波距；

　　　η——折算系数，由试验确定；无试验依据时，可取 $\eta = 0.5$。

图 7-1　板上集中荷载换算为均布线荷载

7.1.7　实腹式檩条强度和稳定性的计算

屋面能起阻止檩条侧向失稳和扭转作用的实腹式檩条（如图 7-2 所示）的强度可按下式计算：

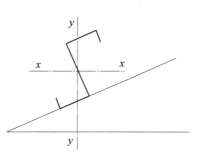

$$\sigma = \frac{M_x}{W_{enx}} + \frac{M_y}{W_{eny}} \leqslant f$$

式中　M_x、W_y——对截面主轴 x 轴、y 轴的弯矩；

　　　W_{enx}、W_{eny}——对截面主轴 x 轴、y 轴的有效净截面模量；

　　　f——钢材的强度设计值。

图 7-2　实腹式檩条示意图

屋面不能阻止檩条侧向失稳和扭转作用的实腹式檩条的稳定性可按下式计算：

$$\frac{M_x}{\varphi_b W_{ex}} + \frac{M_y}{W_{ey}} \leqslant f$$

式中　M_x、W_y——对截面主轴 x 轴、y 轴的弯矩；

　　　W_{ex}、W_{ey}——对截面主轴 x 轴、y 轴的受压边缘的有效截面模量；

　　　φ_b——受弯构件的整体稳定系数；

f——钢材的强度设计值。

7.1.8 平面格构式檩条上弦强度和稳定性的计算

平面格构式檩条上弦的强度和稳定性可按下式计算：

强度

$$\sigma = \frac{N}{A_{en}} \pm \frac{M_x}{W_{enx}} \pm \frac{M_y}{W_{eny}} \leqslant f$$

稳定性

$$\frac{N}{\varphi_{min} A_e} + \frac{M_x}{W_{ex}} + \frac{M_y}{W_{ey}} \leqslant f$$

$$M_x = \frac{q_y l_1^2}{10}$$

$$M_y = \frac{q_x a^2}{10}$$

式中　　N——轴心力；

M_x、W_y——对檩条上弦截面主轴 x 轴、y 轴的弯矩，x 轴垂直于屋面；

W_{enx}、W_{eny}——对截面主轴 x 轴、y 轴的有效净截面模量；

W_{ex}、W_{ey}——对截面主轴 x 轴、y 轴的受压边缘的有效截面模量；

f——钢材的强度设计值；

A_{en}——有效净截面面积；

A_e——有效截面面积；

φ_{min}——轴心受压构件的稳定系数，根据构件的最大长细比按表 7 - 1～表
　　　　　7 - 2采用；

q_x、q_y——垂直、平行于屋面方向的均布荷载分量；

l_1——侧向支承点间的距离；

a——上弦的节间长度。

7.1.9 平面格构式檩条下弦强度和稳定性的计算

当风荷载作用下平面格构式檩条下弦受压时，下弦应采用型钢，其强度和稳定
性可按下列公式计算：

强度

$$\sigma = \frac{N}{A_{en}} \leqslant f$$

稳定性

$$\frac{N}{\varphi_{min} A_e} \leqslant f$$

式中　　N——轴心力；

f——钢材的强度设计值；

A_{en}——有效净截面面积；

A_e——有效截面面积；

φ_{min}——轴心受压构件的稳定系数，根据构件的最大长细比按表 7-1～表 7-2 采用；

7.1.10 三角形钢屋架支座底板单位长度最大弯矩的计算

支座底板被节点板与加劲板分隔为两相邻边支承的四块板，其单位长度上的最大弯矩为：

$$M=\beta q a_1^2$$
$$q=R/(A-A_0)$$

式中 a_1、b_1——对角线长度和底板中点至对角线的距离，对三边支承板 a_1 为自由边长，b_1 为与自由边垂直的支承边长；

β——系数，由比值 b_1/a_1 查表 7-5 确定；

R——屋架支座反力；

q——底板下反力的平均值；

A——底板面积；

A_0——锚栓孔的面积。

7.1.11 单跨门式刚架柱在刚架平面内计算长度的计算

单跨门式刚架柱，在刚架平面内的计算长度 H_0 应按下式计算：

$$H_0=\mu H$$

式中 H——柱的高度，取基础顶面到柱与梁轴线交点的距离（如图 7-3 所示）；

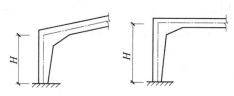

图 7-3　刚架柱的高度示意图

μ——刚架柱的计算长度系数，$\left\{\begin{array}{l}\text{▲刚架梁为等截面构件时}\\\text{■刚架梁为变截面构件时}\\\text{★板式柱脚}\end{array}\right.$

▲　刚架梁为等截面构件时，μ 可按表 7-7 或表 7-8 取用。

■　刚架梁为变截面构件时

$$\mu=\sqrt{\frac{24EI_1}{K\cdot H^3}}$$

$$K=\frac{1}{\Delta}$$

式中 H——柱的高度，取基础顶面到柱与梁轴线交点的距离（如图7-3所示）；

E——钢材的弹性模量；

I_1——刚架柱大头截面的惯性矩；

K——刚架在柱顶单位水平荷载作用下的侧移刚度；

$\triangle$——刚架按一阶弹性分析得到的在柱顶单位水平荷载作用下的柱顶侧移。

★ 对于板式柱脚上述刚架柱计算长度系数 μ 宜根据柱脚构造情况乘以下列调整系数：

柱脚铰接：0.85；

柱脚刚接：1.2。

7.1.12 多跨门式刚架柱在刚架平面内计算长度系数的计算

1）当中间柱为两端铰接柱（摇摆柱）时，边柱的计算长度系数可按下列公式计算：

$$\mu_r = \eta \cdot \mu$$

$$\eta = \sqrt{1 + \frac{\sum(N_{li}/H_{li})}{\sum(N_{fj}/H_{fj})}}$$

式中 η——放大系数；

N_{li}——中间第 i 个摇摆柱的轴向力；

H_{li}——中间第 i 个摇摆柱的高度；

N_{fj}——第 j 个边柱的轴向力；

H_{fj}——第 j 个边柱的高度；

μ——刚架柱的计算长度系数，$\begin{cases} ▲刚架梁为等截面构件时 \\ ■刚架梁为变截面构件时 \\ ★板式柱脚 \end{cases}$

▲ 刚架梁为等截面构件时，μ 可按表7-7或表7-8取用。

■ 刚架梁为变截面构件时

$$\mu = \sqrt{\frac{24EI_1}{K \cdot H^3}}$$

$$K = \frac{1}{\triangle}$$

式中 H——柱的高度，取基础顶面到柱与梁轴线交点的距离（如图7-3所示）；

E——钢材的弹性模量；

I_1——刚架柱大头截面的惯性矩；

K——刚架在柱顶单位水平荷载作用下的侧移刚度；

$\triangle$——刚架按一阶弹性分析得到的在柱顶单位水平荷载作用下的柱顶侧移。

★ 对于板式柱脚上述刚架柱计算长度系数 μ 宜根据柱脚构造情况乘以下列调整系数：

柱脚铰接：0.85；

柱脚刚接：1.2。

查表 7-7 或表 7-8 计算 μ 时，刚架梁的长度应取梁的跨度（边柱到相邻中间柱之间的距离）的 2 倍。

摇摆柱的计算长度系数取 1.0。

2）当中间柱为非摇摆柱时，各刚架柱的计算长度系数可按下式计算：

$$\mu_i = \sqrt{\frac{1.2N_{Ei}}{K \cdot N_i} \cdot \sum \frac{N_i}{H_i}}$$

$$N_{Ei} = \frac{\pi^2 E I_i}{H_i^2}$$

式中　μ_i——第 i 根刚架柱的计算长度系数，宜根据柱脚构造情况乘以相应的调整系数：柱脚铰接 0.85；柱脚刚接 1.2；

　　N_{Ei}——第 i 根刚架柱以大头截面为准的欧拉临界力；

　　K——刚架在柱顶单位水平荷载作用下的侧移刚度；

H_i、N_i——第 i 根刚架柱的高度、轴压力；

　　E——钢材的弹性模量；

　　I_i——第 i 根刚架柱大头截面的惯性矩。

7.1.13　格构式刚架梁和柱的弦杆、腹杆和缀条等单个构件计算长度的计算

格构式刚架横梁和柱的弦杆、腹杆和缀条等单个杆件的计算长度 l_0（如图 7-4 所示）应按下列规定采用：

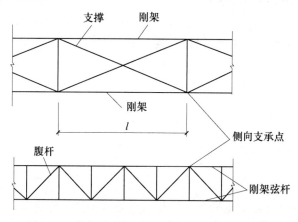

图 7-4　格构式刚架弦杆平面外计算长度示意图

1）在刚架平面内，各杆件取节点间的距离。

2）在刚架平面外，腹杆和缀条取节点间的距离，弦杆取侧向支承点间的距离。如受压弦杆在该长度范围内的内力有变化时，可按下列规定计算。

①当内力均为压力时，可按下式确定。

$$l_0 = \left(0.75 + 0.25 \frac{N_1}{N_2}\right)l$$

且

$$l_0 \geqslant 0.5l$$

式中　N_1——较大的压力，计算时取正值；

N_2——较小的压力或拉力，计算时压力取正值，拉力取负值；

l——杆件的侧向支承点间的距离。

②当内力在侧向支承点间的几个节间内为压力，另几个节间内为拉力时，可按下式计算。但不得小于受压节间总长。

$$l_0 = \left(1.5 + 0.5 \frac{\overline{N_t}}{\overline{N_c}}\right)\frac{n_c}{n}l \leqslant l$$

且

$$l_0 \leqslant l$$

式中　l——侧向支承点间的距离；

$\overline{N_t}$——所有拉力的平均值，计算时取负值；

$\overline{N_c}$——所有压力的平均值，计算时取正值；

n——两侧向支承点间节间总数；

n_c——内力为压力的节间数。

7.2　数据速查

7.2.1　Q235 钢轴心受压构件的稳定系数

表 7-1　　　　　　　　　　　Q235 钢轴心受压构件的稳定系数 φ

λ	0	1	2	3	4	5	6	7	8	9
0	1.000	0.997	0.995	0.992	0.989	0.987	0.984	0.981	0.979	0.976
10	0.974	0.971	0.968	0.966	0.963	0.960	0.958	0.955	0.952	0.949
20	0.947	0.944	0.941	0.938	0.936	0.933	0.930	0.927	0.924	0.921
30	0.918	0.915	0.912	0.909	0.906	0.903	0.899	0.896	0.893	0.889
40	0.886	0.882	0.879	0.875	0.872	0.868	0.864	0.861	0.858	0.855
50	0.852	0.849	0.846	0.843	0.839	0.836	0.832	0.829	0.825	0.822
60	0.818	0.814	0.810	0.806	0.802	0.797	0.793	0.789	0.784	0.779
70	0.775	0.770	0.765	0.760	0.755	0.750	0.744	0.739	0.733	0.728
80	0.722	0.716	0.710	0.704	0.698	0.692	0.686	0.680	0.673	0.667
90	0.661	0.654	0.648	0.641	0.634	0.626	0.618	0.611	0.603	0.595
100	0.588	0.580	0.573	0.566	0.558	0.551	0.544	0.537	0.530	0.523
110	0.516	0.509	0.502	0.496	0.489	0.483	0.476	0.470	0.464	0.458

λ	0	1	2	3	4	5	6	7	8	9
120	0.452	0.446	0.440	0.434	0.428	0.423	0.417	0.412	0.406	0.401
130	0.396	0.391	0.386	0.381	0.376	0.371	0.367	0.362	0.357	0.353
140	0.349	0.344	0.340	0.336	0.332	0.328	0.324	0.320	0.316	0.312
150	0.308	0.305	0.301	0.298	0.294	0.291	0.287	0.284	0.281	0.277
160	0.274	0.271	0.268	0.265	0.262	0.259	0.256	0.253	0.251	0.248
170	0.245	0.243	0.240	0.237	0.235	0.232	0.230	0.227	0.225	0.223
180	0.220	0.218	0.216	0.214	0.211	0.209	0.207	0.205	0.203	0.201
190	0.199	0.197	0.195	0.193	0.191	0.189	0.188	0.186	0.184	0.182
200	0.180	0.179	0.177	0.175	0.174	0.172	0.171	0.169	0.167	0.166
210	0.164	0.163	0.161	0.160	0.159	0.157	0.156	0.154	0.153	0.152
220	0.150	0.149	0.148	0.146	0.145	0.144	0.143	0.141	0.140	0.139
230	0.138	0.137	0.136	0.135	0.133	0.132	0.131	0.130	0.129	0.128
240	0.127	0.126	0.125	0.124	0.123	0.122	0.121	0.120	0.119	0.118
250	0.117	—	—	—	—	—	—	—	—	—

7.2.2　Q345 钢轴心受压构件的稳定系数

表 7-2　　　　　　　　Q345 钢轴心受压构件的稳定系数 φ

λ	0	1	2	3	4	5	6	7	8	9
0	1.000	0.997	0.994	0.991	0.988	0.985	0.982	0.979	0.976	0.973
10	0.971	0.968	0.965	0.962	0.959	0.956	0.952	0.949	0.946	0.943
20	0.940	0.937	0.934	0.930	0.927	0.924	0.920	0.917	0.913	0.909
30	0.906	0.902	0.898	0.894	0.890	0.886	0.882	0.878	0.874	0.870
40	0.867	0.864	0.860	0.857	0.853	0.849	0.845	0.841	0.837	0.833
50	0.829	0.824	0.819	0.815	0.810	0.805	0.800	0.794	0.789	0.783
60	0.777	0.771	0.765	0.759	0.752	0.746	0.739	0.732	0.725	0.718
70	0.710	0.703	0.695	0.688	0.680	0.672	0.664	0.656	0.648	0.640
80	0.632	0.623	0.615	0.607	0.599	0.591	0.583	0.574	0.566	0.558
90	0.550	0.542	0.535	0.527	0.519	0.512	0.504	0.497	0.489	0.482
100	0.475	0.467	0.460	0.452	0.445	0.438	0.431	0.424	0.418	0.411
110	0.405	0.398	0.392	0.386	0.380	0.375	0.369	0.363	0.358	0.352
120	0.347	0.342	0.337	0.332	0.327	0.322	0.318	0.313	0.309	0.304
130	0.300	0.296	0.292	0.288	0.284	0.280	0.276	0.272	0.269	0.265

λ	0	1	2	3	4	5	6	7	8	9
140	0.261	0.258	0.255	0.251	0.248	0.245	0.242	0.238	0.235	0.232
150	0.229	0.227	0.224	0.221	0.218	0.216	0.213	0.210	0.208	0.205
160	0.203	0.201	0.198	0.196	0.194	0.191	0.189	0.187	0.185	0.183
170	0.181	0.179	0.177	0.175	0.173	0.171	0.169	0.167	0.165	0.163
180	0.162	0.160	0.158	0.157	0.155	0.153	0.152	0.150	0.149	0.147
190	0.146	0.144	0.143	0.141	0.140	0.138	0.137	0.136	0.134	0.133
200	0.132	0.130	0.129	0.128	0.127	0.126	0.124	0.123	0.122	0.121
210	0.120	0.119	0.118	0.116	0.115	0.114	0.113	0.112	0.111	0.110
220	0.109	0.108	0.107	0.106	0.106	0.105	0.104	0.103	0.101	0.101
230	0.100	0.099	0.098	0.098	0.097	0.096	0.095	0.094	0.094	0.093
240	0.092	0.091	0.091	0.090	0.089	0.088	0.088	0.087	0.086	0.086
250	0.085	—	—	—	—	—	—	—	—	—

7.2.3 受压板件的宽厚比限值

表 7-3   受压板件的宽厚比限值

钢材牌号 板件类别	Q235 钢	Q345 钢
非加劲板件	45	35
部分加劲板件	60	50
加劲板件	250	200

7.2.4 翼缘板件最大容许宽厚比

表 7-4   翼缘板件最大容许宽厚比

翼缘板的支承条件	容许宽厚比
两边支承（有中间加劲时，包括中间加劲肋）	500
一边支承、一边卷边	60
一边支承、一边自由	60

注 压型板未加劲的腹板的容许宽厚比不宜超过 200。

7.2.5 两相邻边及三边支承矩形板的弯矩系数

表 7-5   两相邻边及三边支承矩形板的弯矩系数 β

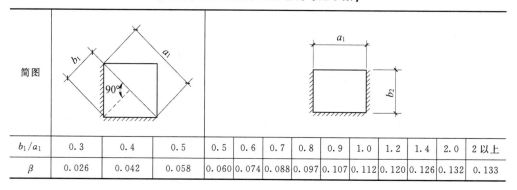

b_1/a_1	0.3	0.4	0.5	0.5	0.6	0.7	0.8	0.9	1.0	1.2	1.4	2.0	2 以上
β	0.026	0.042	0.058	0.060	0.074	0.088	0.097	0.107	0.112	0.120	0.126	0.132	0.133

7.2.6 T型钢屋架节点板厚度选用表

表 7-6   T型钢屋架节点板厚度选用表

端斜杆最大 内力/kN	节点板 钢号								
	Q235	≤160	161~ 300	301~ 500	501~ 700	701~ 950	951~ 1200	1201~ 1550	1551~ 2000
	Q345	≤240	241~ 360	351~ 570	571~ 780	781~ 1050	1051~ 1300	1301~ 1650	1651~ 2100
中间节点板厚度/mm		6	8	10	12	14	16	18	20
支座节点板厚度/mm		8	10	12	14	16	18	20	22

注　对于支座斜杆为下降式的梯形屋架，应撞靠近屋架支座的第二斜腹杆（最大受压斜腹杆）的内力来确定
　　节点板的厚度。

7.2.7 等截面刚架柱的计算长度系数

表 7-7   等截面刚架柱的计算长度系数 μ

柱与基础 的连接方式 　　　　K_2/K_1	0	0.2	0.3	0.5	1.0	2.0	3.0	4.0	7.0	≥10.0
刚接	2.00	1.50	1.40	1.28	1.16	1.08	1.06	1.04	1.02	1.00
铰接	8	3.42	3.00	2.63	2.33	2.17	2.11	2.08	2.03	2.00

注　1. $K_1 = I_1/H$；$K_2 = I_2/l$。

　　2. I_1 系柱顶处的截面惯性矩。

　　　　I_2 系刚架梁的截面惯性矩。

　　　　H 系刚架柱的高度。

　　　　l 系刚架梁的长度，在山形门式刚架中为斜梁沿折线的总长度。

　　3. 当横梁与柱铰接时，取 $K_2 = 0$。

7.2.8 变截面刚架柱的计算长度系数

表 7 - 8　　　　　　　　变截面刚架柱的计算长度系数 μ

柱与基础的连接方式	I_0/I_1 \ K_2/K_1	0.1	0.2	0.3	0.5	0.75	1.0	2.0	$\geqslant 10.1$
	0.01	5.03	4.33	4.10	3.89	3.77	3.74	3.70	3.65
	0.05	4.90	3.98	3.65	3.39	3.25	3.19	3.10	3.05
铰接	0.10	4.6	3.82	3.48	3.19	3.04	2.98	2.94	2.75
	0.15	4.61	3.75	3.37	3.10	2.93	2.85	2.72	2.65
	0.20	4.59	3.67	3.30	3.00	2.84	2.75	2.63	2.55

注　I_0 系柱脚处的截面惯性矩，其余参数见表 7-7 注。

7.2.9 常用截面特性近似计算公式表

表 7 - 9　　　　　　　　常用截面特性近似计算公式表

类型	示　意　图	计算公式
半圆钢管		$A=\pi rt$ $z_0=0.363r$ $I_x=1.571r^3t$ $I_y=0.298r^3t$ $I_t=1.047rt^3$ $I_\omega=0.0374r^5t$ $e_0=0.636r$
等边角钢		$A=2bt$ $e_0=\dfrac{b}{2\sqrt{2}}$ $I_x=\dfrac{1}{3}b^3t$ $I_y=\dfrac{1}{12}b^3t$ $I_t=\dfrac{2}{3}bt^3$ $I_\omega=0$ $I_{x0}=I_{y0}=\dfrac{5}{24}b^3t$ $y_0=\dfrac{b}{4}$ $U_y=\dfrac{b^4t}{12\sqrt{2}}$

类型	示　意　图	计算公式
卷边等边角钢		$A=2(b+a)t$ $z_0=\dfrac{b+a}{2\sqrt{2}}$ $I_x=\dfrac{1}{3}(b^3+a^3)t+ba(b-a)t$ $I_y=\dfrac{1}{12}(b+a)^3t$ $I_t=\dfrac{2}{3}(b+a)t^3$ $I_\omega=d^2b^2\left(\dfrac{b}{3}+\dfrac{a}{4}\right)t+\dfrac{2}{3}a\left[\dfrac{d}{\sqrt{2}}\left(\dfrac{3}{2}b-a\right)-ba\right]^2t$ $d=\dfrac{ba^2(3b-2a)}{3\sqrt{2}\cdot I_x}\cdot t$ $e_0=d+z_0$ $y_0=\dfrac{a+b}{4}$ $I_{x0}=I_{y0}=\dfrac{5}{24}(a-b)^3t+\dfrac{a^2bt}{4}+\dfrac{5}{12}b^3t$ $U_y=\dfrac{t}{12\sqrt{2}}(b^4+4b^3a-6b^2a^2+a^4)$
槽钢		$A=(2b+h)t$ $z_0=\dfrac{b^2}{2b+h}$ $I_x=\dfrac{1}{12}h^3t+\dfrac{1}{2}bh^2t$ $I_y=hz_0^2t+\dfrac{1}{6}b^3t+2b\cdot\left(\dfrac{b}{2}-z_0\right)^2t$ $I_t=\dfrac{1}{3}(2b+h)t^3$ $I_\omega=\dfrac{b^3h^2t}{12}\cdot\dfrac{2h+3b}{6b+h}$ $e_0=d+z_0$ $d=\dfrac{3b^2}{6b+h}$ $U_y=\dfrac{1}{2}(b-z_0)^4t-\dfrac{1}{2}z_0^4t-z_0^3ht+\dfrac{1}{4}$ $\qquad(b-z_0)^2h^2t-\dfrac{1}{4}z_0^2h^2t-\dfrac{1}{12}z_0h^3t$

类型	示意图	计算公式
向外卷边槽钢		$A=(h+2b+2a)t$ $z_0=\dfrac{b(b+2a)}{h+2b+2a}$ $I_x=\dfrac{1}{12}h^3t+\dfrac{1}{2}bh^2t+\dfrac{1}{6}a^3t+\dfrac{1}{2}a(h+a)^2t$ $I_y=hz_0^2t+\dfrac{1}{t}b^3t+2b\cdot\left(\dfrac{b}{2}-z_0\right)^2t+2a(b-z_0)^2t$ $I_t=\dfrac{1}{3}(h+2b+2a)t^3$ $I_\omega=\dfrac{d^2h^3t}{12}+\dfrac{h^2}{6}\left[d^3+(b-d)^3\right]t+\dfrac{a}{6}$ $\left[3h^2(d-b)^2+6ha(d^2-b^2)+4a^2(d+b)^2\right]t$ $d=\dfrac{b}{I_x}\left(\dfrac{1}{4}bh^2+\dfrac{1}{2}ah^2-\dfrac{2}{3}a^3\right)t$ $e_0=d+z_0$ $U_y=t\left[\dfrac{(b-z_0)^4}{2}-\dfrac{z_0^4}{2}-z_0^3h+\dfrac{(b-z_0)^2h^2}{4}-\dfrac{z_0^2h^2}{4}-\dfrac{z_0h^3}{12}\right.$ $\left.+2a(b-z_0)^3+2(b-z_0)\left(\dfrac{a^3}{3}+\dfrac{a^2h}{2}+\dfrac{ah^2}{4}\right)\right]$
向内卷边槽钢		$A=(h+2b+2a)t$ $z_0=\dfrac{b(b+2a)}{h+2b+2a}$ $I_x=\dfrac{1}{12}h^3t+\dfrac{1}{2}bh^2t+\dfrac{1}{6}a^3t+\dfrac{1}{2}a(h-a)^2t$ $I_y=hz_0^2t+\dfrac{1}{t}b^3t+2b\cdot\left(\dfrac{b}{2}-z_0\right)^2t+2a(b-z_0)^2t$ $I_t=\dfrac{1}{3}(h+2b+2a)t^3$ $I_\omega=\dfrac{d^2h^3t}{12}+\dfrac{h^2}{6}\left[d^3+(b-d)^3\right]t+\dfrac{a}{6}$ $\left[3h^2(d-b)^2-6ha(d^2-b^2)+4a^2(d+b)^2\right]t$ $d=\dfrac{b}{I_x}\left(\dfrac{1}{4}bh^2+\dfrac{1}{2}ah^2-\dfrac{2}{3}a^3\right)t$ $e_0=d+z_0$ $U_y=t\left[\dfrac{(b-z_0)^4}{2}-\dfrac{z_0^4}{2}-z_0^3h+\dfrac{(b-z_0)^2h^2}{4}-\dfrac{z_0^2h^2}{4}-\dfrac{z_0h^3}{12}\right.$ $\left.+2a(b-z_0)^3+2(b-z_0)\left(\dfrac{a^3}{3}-\dfrac{a^2h}{2}+\dfrac{ah^2}{4}\right)\right]$
Z形钢		$A=(h+2b)t$ $I_{x1}=\dfrac{1}{12}h^3t+\dfrac{1}{2}bh^2t$ $I_{y1}=\dfrac{2}{3}b^3t$ $I_t=\dfrac{1}{3}(h+2b)t^3$ $I_{x1y1}=-\dfrac{1}{2}b^2ht$ $\tan2\theta=\dfrac{2I_{x1y1}}{I_{y1}-I_{x1}}$ $I_x=I_{x1}\cos^2\theta+I_{y1}\sin^2\theta-2I_{x1y1}\sin\theta\cos\theta$ $I_y=I_{x1}\sin^2\theta+I_{y1}\cos^2\theta+2I_{x1y1}\sin\theta\cos\theta$ $I_\omega=\dfrac{b^3h^2t}{12}\cdot\dfrac{b+2h}{h+2b}$ $m=\dfrac{b^2}{h+2b}$

类型	示 意 图	计 算 公 式
卷边 Z 形钢		$A=(h+2b+2a)t$ $I_{x1}=\dfrac{1}{12}h^3t+\dfrac{1}{2}bh^2t+\dfrac{1}{6}a^3t+\dfrac{1}{2}at(h-a)^2$ $I_{y1}=b^2t\left(\dfrac{2}{3}b+2a\right)$ $I_{x1y1}=-\dfrac{1}{2}bt[bh+2a(h-a)]$ $\tan2\theta=\dfrac{2I_{x1y1}}{I_{y1}-I_{x1}}$ $I_x=I_{x1}\cos^2\theta+I_{y1}\sin^2\theta-2I_{x1y1}\sin\theta\cos\theta$ $I_y=I_{x1}\sin^2\theta+I_{y1}\cos^2\theta+2I_{x1y1}\sin\theta\cos\theta$ $I_t=\dfrac{1}{3}(h+2b+2a)t^3$ $I_\omega=\dfrac{b^2t}{12(h+2b+2a)}\big[h^2b(2h+b)$ $\qquad+2ah(3h^2+6ah+4a^2)$ $\qquad+4abh(h+3a)+4a^3(4b+a)\big]$ $m=\dfrac{2ab(h+a)+b^2h}{(h+2b+2a)h}$
斜卷边 Z 形钢		$A=(h+2b+2a)t$ $I_{x1}=\dfrac{1}{12}h^3t+\dfrac{1}{2}h^2t(a+b)-a^2ht\sin\theta_1$ $\qquad+\dfrac{2}{3}a^3t\sin^2\theta_1$ $I_{y1}=\dfrac{2}{3}b^3t+2ab^2t+2a^2bt\cos\theta_1+\dfrac{2}{3}a^3t\cos^2\theta_1$ $I_{x1y1}=-\dfrac{1}{2}hb^2t-habt+a^2bt\sin\theta_1$ $\qquad-\dfrac{1}{2}ha^2t\cos\theta_1+\dfrac{2}{3}a^3t\sin\theta_1\cos\theta_1$ $\tan2\theta=\dfrac{2I_{x1y1}}{I_{y1}-I_{x1}}$ $I_x=I_{x1}\cos^2\theta+I_{y1}\sin^2\theta-2I_{x1y1}\sin\theta\cos\theta$ $I_y=I_{x1}\sin^2\theta+I_{y1}\cos^2\theta+2I_{x1y1}\sin\theta\cos\theta$ $I_t=\dfrac{1}{3}(h+2b+2a)t^3$ $I_\omega=\dfrac{t}{12}\big[2h^2m^3+3h^3m^2+2h^2(b-m)^3$ $\qquad+6ah^2(b-m)^2+6a^2h(b-m)n+2a^3n^2\big]$ $m=\dfrac{bh(b+2a)+a^2n}{(h+2b+2a)h}$ $n=2b\sin\theta_1+h\cos\theta_1$
圆钢管		$A=\pi dt$ $I_x=I_y=\dfrac{1}{8}\pi td^3$ $i_x=\dfrac{d}{2\sqrt{2}}$

7.2.10 方钢管常用截面特性表

表 7 - 10 方钢管常用截面特性表

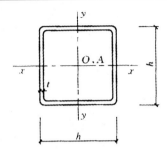

尺寸/mm		截面面积/cm²	每米长质量/(kg/m)	I_x/cm⁴	i_x/cm	W_x/cm³
h	t					
25	1.5	1.31	1.03	1.16	0.94	0.92
30	1.5	1.61	1.27	2.11	1.14	1.40
40	1.5	2.21	1.74	5.33	1.55	2.67
40	2.0	2.87	2.25	6.66	1.52	3.33
50	1.5	2.81	2.21	10.82	1.96	4.33
50	2.0	3.67	2.88	13.71	1.93	5.48
60	2.0	4.47	3.51	24.51	2.34	8.17
60	2.5	5.48	4.30	29.36	2.31	9.79
80	2.0	6.07	4.76	60.58	3.16	15.15
80	2.5	7.48	5.87	73.40	3.13	18.35
100	2.5	9.48	7.44	147.91	3.95	29.58
100	3.0	11.25	8.83	173.12	3.92	34.62
120	2.5	11.48	9.01	260.88	4.77	43.48
120	3.0	13.65	10.72	306.71	4.74	51.12
140	3.0	16.05	12.60	495.68	5.56	70.81
140	3.5	18.58	14.59	568.22	5.53	81.17
140	4.0	21.07	16.44	637.97	5.50	91.14
160	3.0	18.45	14.49	749.64	6.37	93.71
160	3.5	21.38	16.77	861.34	6.35	107.67
160	4.0	24.27	19.05	969.35	6.32	121.17
160	4.5	27.12	21.05	1073.66	6.29	134.21
160	5.0	29.93	23.35	1174.44	6.26	146.81

7.2.11 等边角钢常用截面特性表

表 7-11 等边角钢常用截面特性表

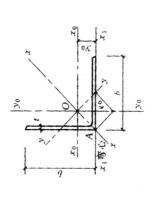

尺寸/mm b	尺寸/mm t	截面面积 /cm²	每米长质量 /(kg/m)	y_0/cm	x_0-x_0 I_{x_0}/cm⁴	x_0-x_0 i_{x_0}/cm	x_0-x_0 $W_{x_0\max}$/cm³	x_0-x_0 $W_{x_0\min}$/cm³	$x-x$ I_x/cm⁴	$x-x$ i_x/cm	$y-y$ I_y/cm⁴	$y-y$ i_y/cm	x_1-x_1 I_{x_1}/cm⁴	e_0/cm	I_t/cm⁴
30	1.5	0.85	0.67	0.828	0.77	0.95	0.93	0.35	1.25	1.21	0.29	0.58	1.35	1.07	0.0064
30	2.0	1.12	0.88	0.855	0.99	0.94	1.16	0.46	1.63	1.21	0.36	0.57	1.81	1.07	0.0149
40	2.0	1.52	1.19	1.105	2.43	1.27	2.20	0.84	3.95	1.61	0.90	0.77	4.28	1.42	0.0203
40	2.5	1.87	1.47	1.132	2.96	1.26	2.62	1.03	4.85	1.61	1.07	0.76	5.36	1.42	0.0390
50	2.5	2.37	1.86	1.381	5.93	1.58	4.29	1.64	9.65	2.02	2.20	0.96	10.44	1.78	0.0494
50	3.0	2.81	2.21	1.408	6.97	1.57	4.95	1.94	11.40	2.01	2.54	0.95	12.55	1.78	0.0843
60	2.5	2.87	2.25	1.630	10.41	1.90	6.38	2.38	16.90	2.43	3.91	1.17	18.03	2.13	0.0598
60	3.0	3.41	2.68	1.657	12.29	1.90	7.42	2.83	20.02	2.42	4.56	1.16	21.66	2.13	0.1023
70	2.5	3.62	2.84	2.005	20.65	2.39	10.30	3.76	33.43	3.04	7.87	1.48	35.20	2.66	0.0755
70	3.0	4.32	3.39	2.031	24.47	2.38	12.05	4.47	39.70	3.03	9.23	1.46	42.26	2.66	0.1293

7.2.12 槽钢常用截面特性表

表 7-12

槽钢常用截面特性表

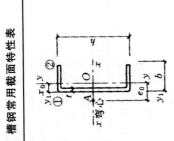

尺寸/mm			截面面积/cm²	每米长质量/(kg/m)	x_0/cm	$x-x$			$y-y$				y_1-y_1		I_t/cm⁴	I_ω/cm⁶	k/cm⁻¹	$W_{\omega 1}$/cm⁴	$W_{\omega 2}$/cm⁴
h	b	t				I_x/cm⁴	i_x/cm	W_x/cm	I_y/cm⁴	i_y/cm	W_{ymax}/cm³	W_{ymin}/cm³	I_{y1}/cm⁴	e_0/cm					
60	30	2.5	2.74	2.15	0.883	14.38	2.31	4.89	2.40	0.94	2.71	1.13	4.53	1.88	0.0571	12.21	0.0425	4.72	2.51
80	40	2.5	3.74	2.94	1.132	36.70	3.13	9.18	5.92	1.26	5.23	2.06	10.71	2.51	0.0779	57.36	0.0229	11.61	6.37
80	40	3.0	4.43	3.48	1.159	42.66	3.10	10.67	6.93	1.25	5.98	2.44	12.87	2.51	0.1328	64.58	0.0282	13.64	7.34
100	40	2.5	4.24	3.33	1.013	62.07	3.83	12.41	6.37	1.23	6.29	2.13	10.72	2.30	0.0884	99.70	0.0185	17.07	8.44
100	40	3.0	5.03	3.95	1.039	72.44	3.80	14.49	7.47	1.22	7.19	2.52	12.89	2.30	0.1508	113.23	0.0227	20.20	9.79
120	40	2.5	4.74	3.72	0.919	95.92	4.50	15.99	6.72	1.19	7.32	2.18	10.73	2.13	0.0988	156.19	0.0156	23.62	10.59
120	40	3.0	5.63	4.42	0.944	112.28	4.47	18.71	7.90	1.19	8.37	2.58	12.91	2.12	0.1688	178.49	0.0191	28.13	12.33
140	50	3.0	6.83	5.36	1.187	191.53	5.30	27.36	15.52	1.51	13.08	4.07	25.13	2.75	0.2048	487.60	0.0128	48.99	22.93
140	50	3.5	7.89	6.20	1.211	218.88	5.27	31.27	17.79	1.50	14.69	4.70	29.37	2.74	0.3223	546.44	0.0151	56.72	26.09
160	60	3.0	8.03	6.30	1.432	300.87	6.12	37.61	26.90	1.83	18.79	5.89	43.35	3.37	0.2408	1119.78	0.0091	78.25	38.21
160	60	3.5	9.29	7.20	1.456	344.94	6.09	43.12	30.92	1.82	21.23	6.81	50.63	3.37	0.3794	1264.16	0.0108	90.71	43.68

7.2.13 卷边槽钢常用截面特性表

表 7-13 卷边槽钢常用截面特性表

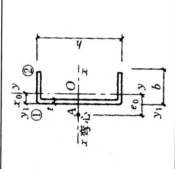

尺寸/mm				截面面积 /cm²	每米长质量 /(kg/m)	x_0/cm	$x-x$			I_y/cm⁴	i_y/cm	$y-y$		y_1-y_1	e_0/cm	I_t/cm⁴	I_w/cm⁶	k /cm⁻¹	$W_{\omega1}$ /cm⁴	$W_{\omega2}$ /cm⁴
h	b	a	t				I_x/cm⁴	i_x/cm	W_x/cm³			W_{ymax}/cm³	W_{ymin}/cm³	I_{y1}/cm⁴						
80	40	15	2.0	3.47	2.72	1.452	34.16	3.14	8.54	7.79	1.50	5.36	3.06	15.10	3.36	0.0462	112.9	0.0126	16.03	15.74
100	50	15	2.5	5.23	4.11	1.706	81.34	3.94	16.27	17.19	1.81	10.08	5.22	32.41	3.94	0.1090	352.8	0.0109	34.47	29.41
120	50	20	2.5	5.98	4.70	1.706	129.40	4.65	21.57	20.96	1.87	12.28	6.36	38.36	4.03	0.1246	660.9	0.0085	51.04	48.36
120	60	20	3.0	7.65	6.01	2.106	170.68	4.72	28.45	37.36	2.21	17.74	9.59	71.31	4.87	0.2296	1153.2	0.0087	75.68	68.84
140	50	20	2.0	5.27	4.14	1.590	154.03	5.41	22.00	18.56	1.88	11.68	5.44	31.86	3.87	0.0703	794.79	0.0058	51.44	52.22
140	50	20	2.2	5.76	4.52	1.590	167.40	5.39	23.91	20.03	1.87	12.62	5.87	34.53	3.84	0.0929	852.46	0.0065	55.98	56.84
140	50	20	2.5	6.48	5.09	1.580	186.78	5.39	26.68	22.11	1.85	13.96	6.47	38.38	3.80	0.1351	931.89	0.0075	62.56	63.56
140	60	20	3.0	8.25	6.48	1.964	245.42	5.45	35.06	39.49	2.19	20.11	9.79	71.33	4.61	0.2476	1589.80	0.0078	92.69	79.00

尺寸/mm				截面面积 /cm²	每米长质量 /(kg/m)	x_0/cm	$x-x$					$y-y$		y_1-y_1	e_0/cm	I_t/cm⁴	I_ω/cm⁶	k /cm⁻¹	$W_{\omega 1}$ /cm⁴	$W_{\omega 2}$ /cm⁴
h	b	a	t				I_x/cm⁴	i_x/cm	W_x/cm	I_y/cm⁴	i_y/cm	W_{ymax}/cm³	W_{ymin}/cm³	I_{y1}/cm⁴						
160	60	20	2.0	6.07	4.76	1.850	236.59	6.24	29.57	29.99	2.22	16.19	7.23	50.83	4.52	0.0809	1596.28	0.0044	76.92	71.30
160	60	20	2.2	6.64	5.21	1.850	257.57	6.23	32.20	32.45	2.21	17.53	7.82	55.19	4.50	0.1071	1717.82	0.0049	83.82	77.55
160	60	20	2.5	7.48	5.87	1.850	288.13	6.21	36.02	35.96	2.19	19.47	8.66	61.49	4.45	0.1559	1887.71	0.0056	93.87	86.63
160	60	20	3.0	9.45	7.42	2.224	373.64	6.29	46.71	60.42	2.53	27.17	12.65	107.20	5.25	0.2836	3070.5	0.0060	135.49	109.92
180	70	20	2.0	6.87	5.39	2.110	343.93	7.08	38.21	45.18	2.57	21.37	9.25	75.87	5.17	0.0916	2934.34	0.0035	109.50	95.22
180	70	20	2.2	7.52	5.90	2.110	374.90	7.06	41.66	48.97	2.55	23.19	10.02	82.49	5.14	0.1213	3165.62	0.0038	119.44	103.58
180	70	20	2.5	8.48	6.66	2.110	420.20	7.04	46.69	54.42	2.53	25.82	11.12	92.08	5.10	0.1767	3492.15	0.0044	133.99	115.73
200	70	20	2.0	7.27	5.71	2.000	440.04	7.78	44.00	46.71	2.54	23.32	9.35	75.88	4.96	0.0969	3672.33	0.0032	126.74	106.15
200	70	20	2.2	7.96	6.25	2.000	479.87	7.77	47.99	50.64	2.52	25.31	10.13	82.49	4.93	0.1284	3963.82	0.0035	138.26	115.74
200	70	20	2.5	8.98	7.05	2.000	538.21	7.74	53.82	56.27	2.50	28.18	11.25	92.09	4.89	0.1871	4376.18	0.0041	155.14	129.75
220	75	20	2.0	7.87	6.18	2.080	574.45	8.54	52.22	56.88	2.69	27.35	10.50	90.93	5.18	0.1049	5313.52	0.0028	158.43	127.32
220	75	20	2.2	8.62	6.77	2.080	626.85	8.53	56.99	61.71	2.68	29.70	11.38	98.91	5.15	0.1391	5742.07	0.0031	172.92	138.93
220	75	20	2.5	9.73	7.64	2.070	703.76	8.50	63.98	68.66	2.66	33.11	12.65	110.51	5.11	0.2028	6351.05	0.0035	194.18	155.94

7.2.14 卷边Z形钢常用截面特性表

表 7-14

卷边Z形钢常用截面特性表

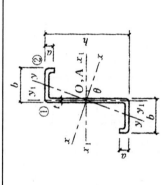

尺寸/mm h	b	a	t	截面面积/cm²	每米长质量/(kg/m)	θ/(°)	I_{x1}/cm⁴	i_{x1}/cm	W_{x1}/cm³	I_{y1}/cm⁴	i_{y1}/cm	W_{y1}/cm³	I_x/cm⁴	i_x/cm	W_{x1}/cm³	W_{x2}/cm³	I_y/cm⁴	i_y/cm	W_{y1}/cm³	W_{y2}/cm³	I_{x1y1}/cm⁴	I_t/cm⁴	I_ω/cm⁶	k/cm⁻¹	$W_{\omega1}$/cm⁴	$W_{\omega2}$/cm⁴
100	40	20	2.0	4.07	3.19	24.017	60.04	3.84	12.01	17.02	2.05	4.36	70.70	4.17	15.93	11.94	6.36	1.25	3.36	4.42	23.93	0.0542	325.0	0.0081	49.97	29.16
100	40	20	2.5	4.98	3.91	23.767	72.10	3.80	14.42	20.02	2.00	5.17	84.63	4.12	19.18	14.47	7.49	1.23	4.07	5.28	28.45	0.1038	381.9	0.0102	62.25	35.03
120	50	20	2.0	4.87	3.82	24.050	106.97	4.69	17.83	30.23	2.49	6.17	126.06	5.09	23.55	17.40	11.14	1.51	4.83	5.74	42.77	0.0649	785.2	0.0057	84.05	43.96
120	50	20	2.5	5.98	4.70	23.833	129.39	4.65	21.57	35.91	2.45	7.37	152.05	5.04	28.55	21.21	13.25	1.49	5.89	6.89	51.30	0.1246	930.9	0.0072	104.68	52.94
120	50	20	3.0	7.05	5.54	23.600	150.14	4.61	25.02	40.88	2.41	8.43	175.92	4.99	33.18	24.80	15.11	1.46	6.89	7.92	58.99	0.2116	1058.90	0.0087	125.37	61.22
140	50	20	2.5	6.48	5.09	19.417	186.77	5.37	26.68	35.91	2.35	7.37	209.19	5.67	32.55	26.34	14.48	1.49	6.69	6.78	60.75	0.1350	1289.00	0.0064	137.04	60.03
140	50	20	3.0	7.65	6.01	19.200	217.26	5.33	31.04	40.83	2.31	8.43	241.62	5.62	37.76	30.70	16.52	1.47	7.84	7.81	69.93	0.2296	1468.20	0.0077	164.94	69.51
160	60	20	2.5	7.48	5.87	19.983	288.12	6.21	36.01	58.15	2.79	9.90	323.13	6.57	44.00	34.95	23.14	1.76	9.00	8.71	96.32	0.1559	2634.30	0.0048	205.98	86.28
160	60	20	3.0	8.85	6.95	19.783	336.66	6.17	42.08	66.66	2.74	11.39	376.76	6.52	51.48	41.08	26.56	1.73	10.58	10.07	111.51	0.2656	3019.40	0.0058	247.41	100.15
160	70	20	2.5	7.98	6.27	23.767	319.13	6.32	39.89	87.74	3.32	12.76	374.6	6.85	52.35	38.23	32.11	2.01	10.53	10.86	126.37	0.1663	3793.30	0.0041	238.87	106.91

尺寸/mm				截面面积 /cm²	每米长质量/ (kg/m)	θ /(°)	x_1-x_1			y_1-y_1			$x-x$				$y-y$				I_{x1y1} /cm⁴	I_t /cm⁴	I_ω /cm⁶	k /cm⁻¹	$W_{\omega1}$ /cm⁴	$W_{\omega2}$ /cm⁴
h	b	a	t				I_{x1} /cm⁴	i_{x1} /cm	W_{x1} /cm³	I_{y1} /cm⁴	i_{y1} /cm	W_{x1} /cm³	I_x /cm⁴	i_x /cm	W_{x1} /cm³	W_{x2} /cm³	I_y /cm⁴	i_y /cm	W_{y1} /cm³	W_{y2} /cm³						
160	70	20	3.0	9.45	7.42	23.567	373.64	6.29	46.71	101.10	3.27	14.76	437.72	6.80	61.33	45.01	37.03	1.98	12.39	12.58	146.86	0.2836	4365.0	0.0050	285.78	124.26
180	70	20	2.5	8.48	6.66	20.367	420.18	7.04	46.69	87.74	3.22	12.76	473.34	7.47	57.27	44.88	34.58	2.02	11.66	10.86	143.18	0.1767	4907.9	0.0037	294.53	119.41
180	70	20	3.0	10.05	7.89	20.183	492.61	7.00	54.73	101.11	3.17	14.76	553.83	7.42	67.22	52.89	39.89	1.99	13.72	12.59	166.47	0.3016	5652.2	0.0045	353.32	138.92

7.2.15 斜卷边 Z 形钢常用截面特性表

斜卷边 Z 形钢常用截面特性表

表 7-15

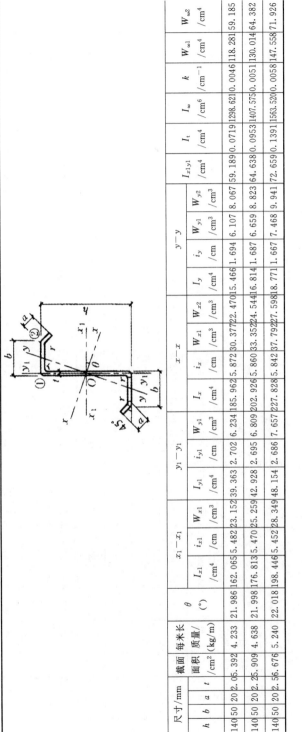

尺寸/mm				截面面积 /cm²	每米长质量/ (kg/m)	θ /(°)	x_1-x_1			y_1-y_1			$x-x$				$y-y$				I_{x1y1} /cm⁴	I_t /cm⁴	I_ω /cm⁶	k /cm⁻¹	$W_{\omega1}$ /cm⁴	$W_{\omega2}$ /cm⁴
h	b	a	t				I_{x1} /cm⁴	i_{x1} /cm	W_{x1} /cm³	I_{y1} /cm⁴	i_{y1} /cm	W_{y1} /cm³	I_x /cm⁴	i_x /cm	W_{x1} /cm³	W_{x2} /cm³	I_y /cm⁴	i_y /cm	W_{y1} /cm³	W_{y2} /cm³						
140	50	20	2.0	5.392	4.233	21.986	162.065	5.482	23.152	39.363	2.702	6.234	185.962	5.872	30.377	22.470	15.466	1.694	6.107	8.067	59.189	0.0719	1298.621	0.0046	118.281	59.185
140	50	20	2.5	5.909	4.638	21.998	176.813	5.470	25.259	42.928	2.695	6.809	202.926	5.860	33.352	24.544	16.814	1.687	6.659	8.823	64.638	0.0953	1407.575	0.0051	130.014	64.382
140	50	20	3.0	6.676	5.240	22.018	198.446	5.452	28.349	48.154	2.686	7.657	227.828	5.842	37.792	27.598	18.771	1.667	7.468	9.941	72.659	0.1391	1563.520	0.0058	147.558	71.926

尺寸/mm				截面面积/cm²	每米长质量/(kg/m)	θ/(°)	x_1-x_1			y_1-y_1			$x-x$				$y-y$				$I_{x_1y_1}$/cm⁴	I_t/cm⁴	I_ω/cm⁶	k/cm⁻¹	$W_{\omega1}$/cm⁴	$W_{\omega2}$/cm⁴
h	b	a	t				I_{x_1}/cm⁴	i_{x_1}/cm	W_{x_1}/cm³	I_{y_1}/cm⁴	i_{y_1}/cm	W_{y_1}/cm³	I_x/cm⁴	i_x/cm	W_{x_1}/cm³	W_{x_2}/cm³	I_y/cm⁴	i_y/cm	W_{y_1}/cm³	W_{y_2}/cm³						
160	60	20	2.0	6.192	4.861	22.104	246.830	6.313	30.854	60.271	3.120	8.240	283.680	6.768	40.271	29.603	23.422	1.945	8.018	9.554	90.733	0.0826	2559.030	0.0035	175.940	82.223
160	60	20	2.2	6.789	5.329	22.113	269.592	6.302	33.699	65.802	3.113	9.009	309.891	6.756	44.225	32.367	25.503	1.938	8.753	9.179	99.179	0.1095	2779.796	0.0039	193.430	89.569
160	60	20	2.5	7.676	6.025	22.128	303.090	6.284	37.886	73.935	3.104	10.143	348.487	6.738	50.132	36.445	28.537	1.928	9.834	11.775	111.642	0.1599	3098.400	0.0044	219.605	100.26
180	70	20	2.0	6.992	5.489	22.185	356.620	7.141	39.624	87.417	3.536	10.191	410.315	7.660	51.502	37.679	33.722	2.196	10.191	11.289	131.674	0.0932	4643.994	0.0028	249.609	111.10
180	70	20	2.2	7.669	6.020	22.193	389.835	7.130	43.315	95.518	3.529	11.502	448.592	7.648	56.570	41.226	36.761	2.189	11.136	12.351	144.034	0.1237	5052.769	0.0031	274.455	121.13
180	70	20	2.5	8.676	6.810	22.205	438.835	7.112	48.759	107.460	3.519	12.964	505.087	7.630	64.143	46.471	41.208	2.179	12.528	13.923	162.307	0.1807	5654.157	0.0035	311.661	135.81
200	70	20	2.0	7.392	5.803	19.305	455.430	7.849	45.543	87.418	3.439	10.514	506.903	8.281	56.094	43.435	35.944	2.205	11.109	11.339	146.944	0.0985	5882.290	0.0025	302.430	123.44
200	70	20	2.2	8.109	6.365	19.309	498.023	7.837	49.802	95.520	3.432	11.503	554.346	8.268	61.618	47.533	39.197	2.200	12.138	12.419	160.756	0.1308	6403.010	0.0028	332.826	134.66
200	70	20	2.5	9.176	7.203	19.314	560.921	7.819	56.092	107.462	3.422	12.964	624.421	8.249	69.876	53.593	43.500	2.189	13.654	13.812	181.820	0.1912	7160.113	0.0032	378.452	148.38
220	75	20	2.0	7.992	6.274	18.300	592.787	8.612	58.956	103.580	3.600	14.500	652.866	9.038	71.501	53.328	46.532	2.333	14.023	14.021	181.661	0.1066	8483.845	0.0022	383.115	151.08
220	75	20	2.2	8.769	6.884	18.302	648.520	8.600	66.448	113.220	3.593	15.783	714.276	9.025	81.096	58.191	50.789	2.327	15.783	15.946	198.803	0.1415	9242.136	0.0024	421.750	161.95
220	75	20	2.5	9.926	7.792	18.305	730.926	8.581	73.791	127.443	3.583	17.290	805.086	9.006	89.663	65.085	57.044	2.317	18.014	16.169	224.175	0.2068	10347.650	0.0028	479.804	181.87
250	75	20	2.0	8.592	6.745	15.389	799.640	9.647	70.012	103.580	3.472	14.500	856.690	9.985	77.350	67.067	53.283	2.327	14.553	16.169	207.280	0.1146	11298.920	0.0020	485.919	169.98
250	75	20	2.2	9.429	7.402	15.387	875.145	9.634	78.952	113.223	3.465	15.946	937.579	9.972	78.870	76.58	58.457	2.321	15.946	18.014	226.864	0.1521	12314.340	0.0022	535.491	184.53
250	75	20	2.5	10.676	8.380	15.385	986.898	9.615	89.108	127.447	3.455	18.014	1057.30	9.952	89.108	77.972	65.169	2.312	18.014	20.188	255.870	0.2224	13797.020	0.0025	610.188	207.38

7.2.16 卷边等边角钢常用截面特性表

表 7-16 卷边等边角钢常用截面特性表

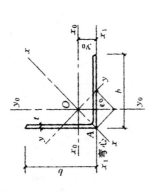

| 尺寸/mm | | | 截面面积 /cm² | 每米长质量 /(kg/m) | y_0/cm | x_0-x_0 | | | | $x-x$ | | $y-y$ | | x_1-x_1 | e_0/cm | I_t/cm⁴ | I_ω/cm⁶ |
b	a	t				I_{x_0}/cm⁴	i_{x_0}/cm	$W_{x_0\max}$/cm³	$W_{x_0\min}$/cm³	I_x/cm⁴	i_x/cm	I_y/cm⁴	i_y/cm	I_{x_1}/cm⁴			
40	15	2.0	1.95	1.53	1.404	3.93	1.42	2.80	1.51	5.74	1.72	2.12	1.04	7.78	2.37	0.0260	3.88
60	20	2.0	2.95	2.32	2.026	13.83	2.17	6.83	3.48	20.56	2.64	7.11	1.55	25.94	3.38	0.0394	22.64
75	20	2.0	3.55	2.79	2.396	25.60	2.69	10.68	5.02	39.01	3.31	12.19	1.85	45.99	3.82	0.0473	36.55
75	20	2.5	4.36	3.42	2.401	30.76	2.66	12.81	6.03	46.91	3.28	14.60	11.83	55.90	3.80	0.0909	43.33

7.2.17　焊接薄壁圆钢管常用截面特性表

表 7－17　　　　　　　　　　　　焊接薄壁圆钢管常用截面特性表

尺寸/mm		截面面积/cm²	每米长质量/(kg/m)	I/cm⁴	i/cm	W/cm³
d	t					
25	1.5	1.11	0.87	0.77	0.83	0.61
30	1.5	1.34	1.05	1.37	1.01	0.91
30	2.0	1.76	1.38	1.73	0.99	1.16
40	1.5	1.81	1.42	3.37	1.36	1.68
40	2.0	2.39	1.88	4.32	1.35	2.16
51	2.0	3.08	2.42	9.26	1.73	3.63
57	2.0	3.46	2.71	13.08	1.95	4.59
60	2.0	3.64	2.86	15.34	2.05	5.10
70	2.0	4.27	3.35	24.72	2.41	7.06
76	2.0	4.65	3.65	31.85	2.62	8.38
83	2.0	5.09	4.00	41.76	2.87	10.06
83	2.5	6.32	4.96	51.26	2.85	12.35
89	2.0	5.47	4.29	51.74	3.08	11.63
89	2.5	6.79	5.33	63.59	3.06	14.29
95	2.0	5.84	4.59	63.20	3.29	13.31
95	2.5	7.26	5.70	77.76	3.27	16.37
102	2.0	6.28	4.93	78.55	3.54	15.40
102	2.5	7.81	6.14	96.76	3.52	18.97
102	3.0	9.33	7.33	114.40	3.50	22.43
108	2.0	6.66	5.23	93.60	3.75	17.33
108	2.5	8.29	6.51	115.40	3.73	21.37
108	3.0	9.90	7.77	136.50	3.72	25.28
114	2.0	7.04	5.52	110.40	3.96	19.37
114	2.5	8.76	6.87	136.20	3.94	23.89
114	3.0	10.46	8.21	161.30	3.93	28.30
121	2.0	7.48	5.87	132.40	4.21	21.88

尺寸/mm		截面面积/cm²	每米长质量/(kg/m)	I/cm⁴	i/cm	W/cm³
d	t					
121	2.5	9.31	7.31	163.50	4.19	27.02
121	3.0	11.12	8.73	193.70	4.17	32.02
127	2.0	7.85	6.17	153.40	4.42	24.16
127	2.5	9.78	7.68	189.50	4.40	29.84
127	3.0	11.69	9.18	224.70	4.39	35.39
133	2.5	10.25	8.05	218.20	4.62	32.81
133	3.0	12.25	9.62	259.00	4.60	38.95
133	3.5	14.24	11.18	298.70	4.58	44.92
140	2.5	10.80	8.48	255.30	4.86	36.47
140	3.0	12.91	10.13	303.10	4.85	43.29
140	3.5	15.01	11.78	349.80	4.83	49.97
152	3.0	14.04	11.02	389.90	5.27	51.30
152	3.5	16.33	12.82	450.30	5.25	59.25
152	4.0	18.60	14.60	509.60	5.24	67.05
159	3.0	14.70	11.54	447.40	5.52	56.27
159	3.5	17.10	13.42	517.00	5.50	65.02
159	4.0	19.48	15.29	585.30	5.48	73.62
168	3.0	15.55	12.21	529.40	5.84	63.02
168	3.5	18.09	14.20	612.10	5.82	72.87
168	4.0	20.61	16.18	693.30	5.80	82.53
180	3.0	16.68	13.09	653.50	6.26	72.61
180	3.5	19.41	15.24	756.00	6.24	84.00
180	4.0	22.12	17.36	856.80	6.22	95.20
194	3.0	18.00	14.13	821.10	6.75	84.64
194	3.5	20.95	16.45	950.50	6.74	97.99
194	4.0	23.88	18.75	1078.00	6.72	111.10
203	3.0	18.85	15.00	943.00	7.07	92.87
203	3.5	21.94	17.22	1092.00	7.06	107.55
203	4.0	25.01	19.63	1238.00	7.04	122.01
219	3.0	20.36	15.98	1187.00	7.64	108.44
219	3.5	23.70	18.61	1376.00	7.62	125.65

尺寸/mm		截面面积/cm²	每米长质量/(kg/m)	I/cm⁴	i/cm	W/cm³
d	t					
219	4.0	27.02	21.81	1562.00	7.60	142.62
245	3.0	22.81	17.91	1670.00	8.56	136.30
245	3.5	26.55	20.84	1936.00	8.54	158.10
245	4.0	30.28	23.77	2199.00	8.52	179.50

7.2.18 H 型钢的规格及其截面特性表

表 7-18 　　　　　　　　　　H 型钢的规格及其截面特性

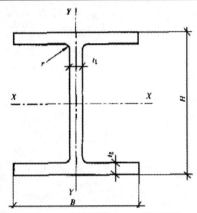

H—高度；B—宽度；t_1—腹板厚度；t_2—翼缘厚度；r—圆角半径

类别	型号（高度×宽度）/(mm×mm)	截面尺寸/mm					截面面积/cm²	理论重量/(kg/m)
		H	B	t_1	t_2	r		
HW	100×100	100	100	6	8	8	21.58	16.9
	125×125	125	125	6.5	9	8	30.00	23.6
	150×150	150	150	7	10	8	39.64	31.1
	175×175	175	175	7.5	11	13	51.42	40.4
	200×200	200	200	8	12	13	63.53	49.9
		200*	204	12	12	13	71.53	56.2
	250×250	244*	252	11	11	13	81.31	63.8
		250	250	9	14	13	91.43	71.8
		250*	255	14	14	13	103.9	81.6
	300×300	294*	302	12	12	13	106.3	83.5
		300	300	10	15	13	118.5	93.0
		300*	305	15	15	13	133.5	105

类别	型号（高度×宽度）/(mm×mm)	截面尺寸/mm					截面面积/cm²	理论重量/(kg/m)
		H	B	t_1	t_2	r		
HW	350×350	338*	351	13	13	13	133.3	105
		344*	348	10	16	13	144.0	113
		344*	354	16	16	13	164.7	129
		350	350	12	19	13	171.9	135
		350*	357	19	19	13	196.4	154
	400×400	388*	402	15	15	22	178.5	140
		394*	398	11	18	22	186.8	147
		394*	405	18	18	22	214.4	168
		400	400	13	21	22	218.7	172
		400*	408	21	21	22	250.7	197
		414*	405	18	28	22	295.4	232
		428*	407	20	35	22	360.7	283
		458*	417	30	50	22	528.6	415
		498*	432	45	70	22	770.1	604
	500×500	492*	465	15	20	22	258.0	202
		502*	465	15	25	22	304.5	239
		502*	470	20	25	22	329.6	259
HM	150×100	148	100	6	9	8	26.34	20.7
	200×150	194	150	6	9	8	38.10	29.9
	250×175	244	175	7	11	13	55.49	43.6
	300×200	294	200	8	12	13	71.05	55.8
		298*	201	9	14	13	82.03	64.4
	350×250	340	250	9	14	13	99.53	78.1
	400×300	390	300	10	16	13	133.3	105
	450×300	440	300	11	18	13	153.9	121
	500×300	482*	300	11	15	13	141.2	111
		488	300	11	18	13	159.2	125
	550×300	544*	300	11	15	13	148.0	116
		550*	300	11	18	13	166.0	130
	600×300	582*	300	12	17	13	169.2	133
		588	300	12	20	13	187.2	147
		594*	302	14	23	13	217.1	170

类别	型号（高度×宽度）/(mm×mm)	截面尺寸/mm					截面面积/cm²	理论重量/(kg/m)
		H	B	t_1	t_2	r		
HN	100×50*	100	50	5	7	8	11.84	9.30
	125×60*	125	60	6	8	8	16.68	13.1
	150×75	150	75	5	7	8	17.84	14.0
	175×90	175	90	5	8	8	22.89	18.0
	200×100	198*	99	4.5	7	8	22.68	17.8
		200	100	5.5	8	8	26.66	20.9
	250×125	248*	124	5	8	8	31.98	25.1
		250	125	6	9	8	36.96	29.0
	300×150	298*	149	5.5	8	13	40.80	32.0
		300	150	6.5	9	13	46.78	36.7
	350×175	346*	174	6	9	13	52.45	41.2
		350	175	7	11	13	62.91	49.4
	400×150	400	150	8	13	13	70.37	55.2
	400×200	396*	199	7	11	13	71.41	56.1
		400	200	8	13	13	83.37	65.4
	450×150	446*	150	7	12	13	66.99	52.6
		450	151	8	14	13	77.49	60.8
	450×200	446*	199	8	12	13	82.97	65.1
		450	200	9	14	13	95.43	74.9
	475×150	470*	150	7	13	13	71.53	56.2
		475*	151.5	8.5	15.5	13	86.15	67.6
		482	153.5	10.5	19	13	106.4	83.5
	500×150	492*	150	7	12	13	70.21	55.1
		500*	152	9	16	13	92.21	72.4
		504	153	10	18	13	103.3	81.1
	500×200	496*	199	9	14	13	99.29	77.9
		500	200	10	16	13	112.3	88.1
		506*	201	11	19	13	129.3	102
	550×200	546*	199	9	14	13	103.8	81.5
		550	200	10	16	13	117.3	92.0

类别	型号（高度×宽度）/(mm×mm)	截面尺寸/mm					截面面积/cm²	理论重量/(kg/m)
		H	B	t_1	t_2	r		
HN	600×200	596*	199	10	15	13	117.8	92.4
		600	200	11	17	13	131.7	103
		606*	201	12	20	13	149.8	118
	650×200	625*	198.5	13.5	17.5	13	150.6	118
		630	200	15	20	13	170.0	133
		638*	202	17	24	13	198.7	156
	650×300	646*	299	10	15	13	152.8	120
		650*	300	11	17	13	171.2	134
		656*	301	12	20	13	195.8	154
	700×300	692*	300	13	20	18	207.5	163
		700	300	13	24	18	231.5	182
	750×300	734*	299	12	16	18	182.7	143
		742*	300	13	20	18	214.0	168
		750*	300	13	24	18	238.0	187
		758*	303	16	28	18	284.8	224
	800×300	792*	300	14	22	18	239.5	188
		800	300	14	26	18	263.5	207
	850×300	834*	298	14	19	18	227.5	179
		842*	299	15	23	18	259.7	204
		850*	300	16	27	18	292.1	229
		858*	301	17	31	18	324.7	255
	900×300	890*	299	15	23	18	266.9	210
		900	300	16	28	18	305.8	240
		912*	302	18	34	18	360.1	283
	1000×300	970*	297	16	21	18	276.0	217
		980*	298	17	26	18	315.5	248
		990*	298	17	31	18	345.3	271
		1000*	300	19	36	18	395.1	310
		1008*	302	21	40	18	439.3	345

类别	型号（高度×宽度）/(mm×mm)	截面尺寸/mm					截面面积/cm²	理论重量/(kg/m)
		H	B	t_1	t_2	r		
HT	100×50	95	48	3.2	4.5	8	7.620	5.98
		97	49	4	5.5	8	9.370	7.36
	100×100	96	99	4.5	6	8	16.20	12.7
	125×60	118	58	3.2	4.5	8	9.250	7.26
		120	59	4	5.5	8	11.39	8.94
	125×125	119	123	4.5	6	8	20.12	15.8
	150×75	145	73	3.2	4.5	8	11.47	9.00
		147	74	4	5.5	8	14.12	11.1
	150×100	139	97	3.2	4.5	8	13.43	10.6
		142	99	4.5	6	8	18.27	14.3
	150×150	144	148	5	7	8	27.76	21.8
		147	149	6	8.5	8	33.67	26.4
	175×90	168	88	3.2	4.5	8	13.55	10.6
		171	89	4	6	8	17.58	13.8
	175×175	167	173	5	7	13	33.32	26.2
		172	175	6.5	9.5	13	44.64	35.0
	200×100	193	98	3.2	4.5	8	15.25	12.0
		196	99	4	6	8	19.78	15.5
	200×150	188	149	4.5	6	8	26.34	20.7
	200×200	192	198	6	8	13	43.69	34.3
	250×125	244	124	4.5	6	8	25.86	20.3
	250×175	238	173	4.5	8	13	39.12	30.7
	300×150	294	148	4.5	6	13	31.90	25.0
	300×200	286	198	6	8	13	49.33	38.7
	350×175	340	173	4.5	6	13	36.97	29.0
	400×150	390	148	6	8	13	47.57	37.3
	400×200	390	198	6	8	13	55.57	43.6

注　1. 同一型号的产品，其内侧尺寸高度一致。

2. 截面面积计算公式为：$t_1(H-2t_2)+2Bt_2+0.858r^2$。

3. "*"表示的规格为市场非常用规格。

7.2.19 L型钢截面尺寸、截面面积、理论重量及截面特征

表 7-19　　　　　　　L型钢截面尺寸、截面面积、理论重量及截面特征

型　号	截面尺寸/mm						截面面积/cm²	理论重量/(kg/m)	惯性矩 I_x/cm⁴	重心距离 Y_0/cm
	B	b	D	d	r	r_1				
L250×90×9×13	250	90	9	13	15	7.5	33.4	26.2	2190	8.64
L250×90×10.5×15	250	90	10.5	15			38.5	30.3	2510	8.76
L250×90×11.5×16			11.5	16			41.7	32.7	2710	8.90
L300×100×10.5×15	300	100	10.5	15			45.3	35.6	4290	10.6
L300×100×11.5×16			11.5	16			49.0	38.5	4630	10.7
L350×120×10.5×16	350	120	10.5	16			54.9	43.1	7110	12.0
L350×120×11.5×18			11.5	18			60.4	47.4	7780	12.0
L400×120×11.5×23	400	120	11.5	23	20	10	71.6	56.2	11900	13.3
L450×120×11.5×25	450	120	11.5	25			79.5	62.4	16800	15.1
L500×120×12.5×33	500	120	12.5	33			98.6	77.4	25500	16.5
L500×120×13.5×35			13.5	35			105.0	82.8	27100	16.6

注　L型钢:

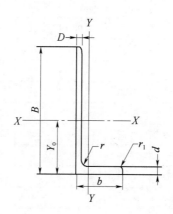

B—长边宽度; b—短边宽度; D—长边厚度; d—短边厚度;
Y_0—重心距离; r_1—边端内圆弧半径; r—内圆弧半径

7.2.20 热轧扁钢的尺寸及理论重量表

表 7-20　　　　　　　　　　热轧扁钢的尺寸及理论重量

公称宽度 /mm	厚度/mm									
	3	4	5	6	7	8	9	10	11	12
	理论重量/(kg/m)									
10	0.24	0.31	0.39	0.47	0.55	0.63	—	—	—	—
12	0.28	0.38	0.47	0.57	0.66	0.75	—	—	—	—
14	0.33	0.44	0.55	0.66	0.77	0.88	—	—	—	—
16	0.38	0.50	0.63	0.75	0.88	1.00	1.15	1.26	—	—
18	0.42	0.57	0.71	0.85	0.99	1.13	1.27	1.41		
20	0.47	0.63	0.78	0.94	1.10	1.26	1.41	1.57	1.73	1.88
22	0.52	0.69	0.86	1.04	1.21	1.38	1.55	1.73	1.90	2.07
25	0.59	0.78	0.98	1.18	1.37	1.57	1.77	1.96	2.16	2.36
28	0.66	0.88	1.10	1.32	1.54	1.76	1.98	2.20	2.42	2.64
30	0.71	0.94	1.18	1.41	1.65	1.88	2.12	2.36	2.59	2.83
32	0.75	1.00	1.26	1.51	1.76	2.01	2.26	2.55	2.76	3.01
35	0.82	1.10	1.37	1.65	1.92	2.20	2.47	2.75	3.02	3.30
40	0.94	1.26	1.57	1.88	2.20	2.51	2.83	3.14	3.45	3.77
45	1.06	1.41	1.77	2.12	2.47	2.83	3.18	3.53	3.89	4.24
50	1.18	1.57	1.96	2.36	2.75	3.14	3.53	3.93	4.32	4.71
55	—	1.73	2.16	2.59	3.02	3.45	3.89	4.32	4.75	5.18
60	—	1.88	2.36	2.83	3.30	3.77	4.24	4.71	5.18	5.65
65	—	2.04	2.55	3.06	3.57	4.08	4.59	5.10	5.61	6.12
70	—	2.20	2.75	3.30	3.85	4.40	4.95	5.50	6.04	6.59
75	—	2.36	2.94	3.53	4.12	4.71	5.30	5.89	6.48	7.07
80	—	2.51	3.14	3.77	4.40	5.02	5.65	6.28	6.91	7.54
85	—	—	3.34	4.00	4.67	5.34	6.01	6.67	7.34	8.01
90			3.53	4.24	4.95	5.65	6.36	7.07	7.77	8.48
95	—	—	3.73	4.47	5.22	5.97	6.71	7.46	8.20	8.95
100	—	—	3.92	4.71	5.50	6.28	7.06	7.85	8.64	9.42
105	—	—	4.12	4.95	5.77	6.59	7.42	8.24	9.07	9.89
110			4.32	5.18	6.04	6.91	7.77	8.64	9.50	10.36
120	—	—	4.71	5.65	6.59	7.54	8.48	9.42	10.36	11.30
125	—	—	—	5.89	6.87	7.85	8.83	9.81	10.79	11.78

公称宽度/mm	厚度/mm									
	3	4	5	6	7	8	9	10	11	12
	理论重量/(kg/m)									
130	—	—	—	6.12	7.14	8.16	9.18	10.20	11.23	12.25
140	—	—	—	—	7.69	8.79	9.89	10.99	12.09	13.19
150	—	—	—	—	8.24	9.42	10.60	11.78	12.95	14.13
160	—	—	—	—	8.79	10.05	11.30	12.56	13.82	15.07
180	—	—	—	—	9.89	11.30	12.72	14.13	15.54	16.96
200	—	—	—	—	10.99	12.56	14.13	15.70	17.27	18.84

公称宽度/mm	厚度/mm														
	14	16	18	20	22	25	28	30	32	36	40	45	50	56	60
	理论重量/(kg/m)														
10	—	—	—	—	—	—	—	—	—	—	—	—	—	—	—
12	—	—	—	—	—	—	—	—	—	—	—	—	—	—	—
14	—	—	—	—	—	—	—	—	—	—	—	—	—	—	—
16	—	—	—	—	—	—	—	—	—	—	—	—	—	—	—
18	—	—	—	—	—	—	—	—	—	—	—	—	—	—	—
20	—	—	—	—	—	—	—	—	—	—	—	—	—	—	—
22	—	—	—	—	—	—	—	—	—	—	—	—	—	—	—
25	2.75	3.14	—	—	—	—	—	—	—	—	—	—	—	—	—
28	3.08	3.53	—	—	—	—	—	—	—	—	—	—	—	—	—
30	3.30	3.77	4.24	4.71	—	—	—	—	—	—	—	—	—	—	—
32	3.52	4.02	4.52	5.02	—	—	—	—	—	—	—	—	—	—	—
35	3.85	4.40	4.95	5.50	6.04	6.87	7.69	—	—	—	—	—	—	—	—
40	4.40	5.02	5.65	6.28	6.91	7.85	8.79	—	—	—	—	—	—	—	—
45	4.95	5.65	6.36	7.07	7.77	8.83	9.89	10.60	11.30	12.72	—	—	—	—	—
50	5.50	6.28	7.06	7.85	8.64	9.81	10.99	11.78	12.56	14.13	—	—	—	—	—
55	6.04	6.91	7.77	8.64	9.50	10.79	12.09	12.95	13.82	15.54	—	—	—	—	—
60	6.59	7.54	8.48	9.42	10.36	11.78	13.19	14.13	15.07	16.96	18.84	21.20	—	—	—
65	7.14	8.16	9.18	10.20	11.23	12.76	14.29	15.31	16.33	18.37	20.41	22.96	—	—	—
70	7.69	8.79	9.89	10.99	12.09	13.74	15.39	16.49	17.58	19.78	21.98	24.73	—	—	—
75	8.24	9.42	10.60	11.78	12.95	14.72	16.48	17.66	18.84	21.20	23.55	26.49	—	—	—
80	8.79	10.05	11.30	12.56	13.82	15.70	17.58	18.84	20.10	22.61	25.12	28.26	31.40	35.17	—

公称宽度/mm	厚度/mm														
	14	16	18	20	22	25	28	30	32	36	40	45	50	56	60
	理论重量/(kg/m)														
85	9.34	10.68	12.01	13.34	14.68	16.68	18.68	20.02	21.35	24.02	26.69	30.03	33.36	37.37	40.04
90	9.89	11.30	12.72	14.13	15.54	17.66	19.78	21.20	22.61	25.43	28.26	31.79	35.32	39.56	42.39
95	10.44	11.93	13.42	14.92	16.41	18.64	20.88	22.37	23.86	26.85	29.83	33.56	37.29	41.76	44.74
100	10.99	12.56	14.13	15.70	17.27	19.62	21.98	23.55	25.12	28.26	31.40	35.32	39.25	43.96	47.10
105	11.54	13.19	14.84	16.48	18.13	20.61	23.08	24.73	26.38	29.67	32.97	37.09	41.21	46.16	49.46
110	12.09	13.82	15.54	17.27	19.00	21.59	24.18	25.90	27.63	31.09	34.54	38.86	43.18	48.36	51.81
120	13.19	15.07	16.96	18.84	20.72	23.55	26.38	28.26	30.14	33.91	37.68	42.39	47.10	52.75	56.52
125	13.74	15.70	17.66	19.62	21.58	24.53	27.48	29.44	31.40	35.32	39.25	44.16	49.06	54.95	58.88
130	14.29	16.33	18.37	20.41	22.45	25.51	28.57	30.62	32.66	36.74	40.82	45.92	51.02	57.15	61.23
140	15.39	17.58	19.78	21.98	24.18	27.48	30.77	32.97	35.17	39.56	43.96	49.46	54.95	61.54	65.94
150	16.48	18.84	21.20	23.55	25.90	29.44	32.97	35.32	37.68	42.39	47.10	52.99	58.88	65.94	70.65
160	17.58	20.10	22.61	25.12	27.63	31.40	35.17	37.68	40.19	45.22	50.24	56.52	62.80	70.34	75.36
180	19.78	22.61	25.43	28.26	31.09	35.32	39.56	42.39	45.22	50.87	56.52	63.58	70.65	79.13	84.78
200	21.98	25.12	28.26	31.40	34.54	39.25	43.96	47.10	50.24	56.52	62.80	70.65	78.50	87.92	94.20

注　1. 表中粗线用以划分扁钢的组别:

1 组——理论重量≤19kg/m;

2 组——理论重量＞19kg/m。

2. 表中的理论重量按密度为 7.85g/cm³ 计算。

7.2.21　热轧六角钢和热轧八角钢的尺寸及理论重量表

表 7-21　　　　　热轧六角钢和热轧八角钢的尺寸及理论重量

对边距离 s/mm	截面面积 A/cm²		理论重量/(kg/m)	
	六角钢	八角钢	六角钢	八角钢
8	0.5543	—	0.435	—
9	0.7015	—	0.551	—
10	0.866	—	0.680	—
11	1.048	—	0.823	—
12	1.247	—	0.979	—
13	1.464	—	1.05	—
14	1.697	—	1.33	—
15	1.949	—	1.53	—
16	2.217	2.120	1.74	1.66

对边距离 s/mm	截面面积 A/cm²		理论重量/(kg/m)	
	六角钢	八角钢	六角钢	八角钢
17	2.503	—	1.96	—
18	2.806	2.683	2.20	2.16
19	3.126	—	2.45	—
20	3.464	3.312	2.72	2.60
21	3.819	—	3.00	—
22	4.192	4.008	3.29	3.15
23	4.581	—	3.60	—
24	4.988	—	3.92	—
25	5.413	5.175	4.25	4.06
26	5.854	—	4.60	—
27	6.314	—	4.96	—
28	6.790	6.492	5.33	5.10
30	7.794	7.452	6.12	5.85
32	8.868	8.479	6.96	6.66
34	10.011	9.572	7.86	7.51
36	11.223	10.731	8.81	8.42
38	12.505	11.956	9.82	9.39
40	13.86	13.250	10.88	10.40
42	15.28	—	11.99	—
45	17.54	—	13.77	—
48	19.95	—	15.66	—
50	21.65	—	17.00	—
53	24.33	—	19.10	—
56	27.16	—	21.32	—
58	29.13	—	22.87	—
60	31.18	—	24.50	—
63	34.37	—	26.98	—
65	36.59	—	28.72	—
68	40.04	—	31.43	—
70	42.43	—	33.30	—

注 表中的理论重量按密度 7.85g/cm³ 计算。

表中截面面积（A）计算公式：$A=\dfrac{1}{4}ns^2\tan\dfrac{\varphi}{2}\times\dfrac{1}{100}$

六角形：$A=\dfrac{3}{2}s^2\tan30°\times\dfrac{1}{100}\approx0.866s^2\times\dfrac{1}{100}$

八角形：$A=2s^2\tan22°30'\times\dfrac{1}{100}\approx0.828s^2\times\dfrac{1}{100}$

式中　n——正 n 边形边数；

　　　φ——正 n 边形圆内角；$\varphi=360/n$。

7.2.22 工字钢截面尺寸、截面面积、理论重量及截面特征

表 7 - 22　　　　　　工字钢截面尺寸、截面面积、理论重量及截面特征

型号	截面尺寸/mm						截面面积/cm²	理论重量/(kg/m)	惯性矩/cm⁴		惯性半径/cm		截面模数/cm³	
	h	b	d	t	r	r_1			I_x	I_y	i_x	i_y	W_x	W_y
10	100	68	4.5	7.6	6.5	3.3	14.345	11.261	245	33.0	4.14	1.52	49.0	9.72
12	120	74	5.0	8.4	7.0	3.5	17.818	13.987	436	46.9	4.95	1.62	72.7	12.7
12.6	126	74	5.0	8.4	7.0	3.5	18.118	14.223	488	46.9	5.20	1.61	77.5	12.7
14	140	80	5.5	9.1	7.5	3.8	21.516	16.890	712	64.4	5.76	1.73	102	16.1
16	160	88	6.0	9.9	8.0	4.0	26.131	20.513	1130	93.1	6.58	1.89	141	21.2
18	180	94	6.5	10.7	8.5	4.3	30.756	24.143	1660	122	7.36	2.00	185	26.0
20a	200	100	7.0	11.4	9.0	4.5	35.578	27.929	2370	158	8.15	2.12	237	31.5
20b	200	102	9.0	11.4	9.0	4.5	39.578	31.069	2500	169	7.96	2.06	250	33.1
22a	220	110	7.5	12.3	9.5	4.8	42.128	33.070	3400	225	8.99	2.31	309	40.9
22b	220	112	9.5	12.3	9.5	4.8	46.528	36.524	3570	239	8.78	2.27	325	42.7
24a	240	116	8.0	13.0	10.0	5.0	47.741	37.477	4570	280	9.77	2.42	381	48.4
24b	240	118	10.0	13.0	10.0	5.0	52.541	41.245	4800	297	9.57	2.38	400	50.4
25a	250	116	8.0	13.0	10.0	5.0	48.541	38.105	5020	280	10.2	2.40	402	48.3
25b	250	118	10.0	13.0	10.0	5.0	53.541	42.030	5280	309	9.94	2.40	423	52.4
27a	270	122	8.5	13.7	10.5	5.3	54.554	42.825	6550	345	10.9	2.51	485	56.6
27b	270	124	10.5	13.7	10.5	5.3	59.954	47.064	6870	366	10.7	2.47	509	58.9
28a	280	122	8.5	13.7	10.5	5.3	55.404	43.492	7110	345	11.3	2.50	508	56.6
28b	280	124	10.5	13.7	10.5	5.3	61.004	47.888	7480	379	11.1	2.49	534	61.2
30a	300	126	9.0	14.4	11.0	5.5	61.254	48.084	8950	400	12.1	2.55	597	63.5
30b	300	128	11.0	14.4	11.0	5.5	67.254	52.794	9400	422	11.8	2.50	627	65.9
30c	300	130	13.0	14.4	11.0	5.5	73.254	57.504	9850	445	11.6	2.46	657	68.5
32a	320	130	9.5	15.0	11.5	5.8	67.158	52.717	11100	460	12.8	2.62	692	70.8
32b	320	132	11.5	15.0	11.5	5.8	73.556	57.741	11600	502	12.6	2.61	726	76.0
32c	320	134	13.5	15.0	11.5	5.8	79.956	62.765	12200	544	12.3	2.61	760	81.2
36a	360	136	10.0	15.8	12.0	6.0	76.480	60.037	15800	552	14.4	2.69	875	81.2
36b	360	138	12.0	15.8	12.0	6.0	83.680	65.689	16500	582	14.1	2.64	919	84.3
36c	360	140	14.0	15.8	12.0	6.0	90.880	71.341	17300	612	13.8	2.60	962	87.4

型号	截面尺寸/mm						截面面积/cm²	理论重量/(kg/m)	惯性矩/cm⁴		惯性半径/cm		截面模数/cm³	
	h	b	d	t	r	r_1			I_x	I_y	i_x	i_y	W_x	W_y
40a		142	10.5				86.112	67.598	21700	660	15.9	2.77	1090	93.2
40b	400	144	12.5	16.5	12.5	6.3	94.112	73.878	22800	692	15.6	2.71	1140	96.2
40c		146	14.5				102.112	80.158	23900	727	15.2	2.65	1190	99.6
45a		150	11.5				102.446	80.420	32200	855	17.7	2.89	1430	114
45b	450	152	13.5	18.0	13.5	6.8	111.446	87.485	33800	894	17.4	2.84	1500	118
45c		154	15.5				120.446	94.550	35300	938	17.1	2.79	1570	122
50a		158	12.0				119.304	93.654	46500	1120	19.7	3.07	1860	142
50b	500	160	14.0	20.0	14.0	7.0	129.304	101.504	48600	1170	19.4	3.01	1940	146
50c		162	16.0				139.304	109.354	50600	1220	19.0	2.96	2080	151
55a		166	12.5				134.185	105.335	62900	1370	21.6	3.19	2290	164
55b	550	168	14.5				145.185	113.970	65600	1420	21.2	3.14	2390	170
55c		170	16.5	21.0	14.5	7.3	156.185	122.605	68400	1480	20.9	3.08	2490	175
56a		166	12.5				135.435	106.316	65600	1370	22.0	3.18	2340	165
56b	560	168	14.5				146.635	115.108	68500	1490	21.6	3.16	2450	174
56c		170	16.5				157.835	123.900	71400	1560	21.3	3.16	2550	183
63a		176	13.0				154.658	121.407	93900	1700	24.5	3.31	2980	193
63b	630	178	15.0	22.0	15.0	7.5	167.258	131.298	98100	1810	24.2	3.29	3160	204
63c		180	17.0				179.858	141.189	102000	1920	23.8	3.27	3300	214

注：1. 表中 r、r_1 的数据用于孔设计，不作为交货条件。

2. 热轧工字钢：

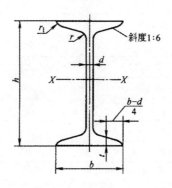

h—高度；b—腿宽度；d—腰厚度；t—平均腿厚度；
r—内圆弧半径；r_1—腿端圆弧半径

7.2.23 钢板理论重量表

表 7 - 23 钢板理论重量表

厚度/mm	理论重量/(kg/m²)	厚度/mm	理论重量/(kg/m²)
0.2	1.570	3.8	29.830
0.25	1.963	4.0	31.400
0.27	2.120	4.5	35.325
0.3	2.355	5	39.250
0.35	2.748	5.5	43.175
0.4	3.140	6	47.100
0.45	3.533	7	54.950
0.5	3.925	8	62.800
0.55	4.318	9	70.650
0.6	4.710	10	78.500
0.65	5.103	11	86.350
0.7	5.495	12	94.200
0.75	5.888	13	102.050
0.8	6.280	14	109.900
0.9	7.065	15	117.750
1.0	7.850	16	125.600
1.1	8.635	17	133.450
1.2	9.420	18	141.300
1.25	9.813	19	149.150
1.3	10.205	20	157.000
1.4	10.990	21	164.850
1.5	11.775	22	172.700
1.6	12.560	23	180.550
1.8	14.130	24	188.400
2.0	15.700	25	196.250
2.2	17.270	26	204.100
2.5	19.630	27	211.950
2.8	21.980	28	219.800
3.0	23.550	29	227.650
3.2	25.120	30	235.500
3.5	27.480	32	251.200

厚度/mm	理论重量/(kg/m²)	厚度/mm	理论重量/(kg/m²)
34	266.900	48	376.800
36	282.600	50	392.500
38	298.300	52	408.200
40	314.000	54	423.900
42	329.700	56	439.600
44	345.400	58	455.300
46	361.100	60	471.000

注 1. 适用于各类普通钢板的理论重量计算,花纹钢板和不锈钢板除外。

2. 理论重量＝7.85δ (δ—mm) (理论重量按密度 7.85g/cm³ 计算)。

7.2.24 盘条的横截面积

表 7-24　　　　　　　　　　盘条的横截面积

公称直径/mm	允许偏差/mm			不圆度/mm			横截面积/mm²	理论重量/(kg/m)
	A 级精度	B 级精度	C 级精度	A 级精度	B 级精度	C 级精度		
5							19.63	0.154
5.5							23.76	0.187
6							28.27	0.222
6.5							33.18	0.260
7							38.48	0.302
7.5	±0.30	±0.25	±0.15	≤0.48	≤0.40	≤0.24	44.18	0.347
8							50.26	0.395
8.5							56.74	0.445
9							63.62	0.499
9.5							70.88	0.556
10							78.54	0.617
10.5							86.59	0.680
11							95.03	0.746
11.5							103.9	0.816
12							113.1	0.888
12.5							122.7	0.963
13	±0.40	±0.30	±0.20	≤0.64	≤0.48	≤0.32	132.7	1.04
13.5							143.1	1.12
14							153.9	1.21
14.5							165.1	1.30
15							176.7	1.39

公称直径/mm	允许偏差/mm			不圆度/mm			横截面积/mm²	理论重量/(kg/m)
	A 级精度	B 级精度	C 级精度	A 级精度	B 级精度	C 级精度		
15.5							188.7	1.48
16							201.1	1.58
17							227.0	1.78
18							254.5	2.00
19							283.5	2.23
20	±0.50	±0.35	±0.25	≤0.80	≤0.56	≤0.40	314.2	2.47
21							346.3	2.72
22							380.1	2.98
23							415.5	3.26
24							452.4	3.55
25							490.9	3.85
26							530.9	4.17
27							572.6	4.49
28							615.7	4.83
29							660.5	5.18
30							706.9	5.55
31							754.8	5.92
32							804.2	6.31
33	±0.60	±0.40	±0.30	≤0.96	≤0.64	≤0.48	855.3	6.71
34							907.9	7.13
35							962.1	7.55
36							1018	7.99
37							1075	8.44
38							1134	8.90
39							1195	9.38
40							1257	9.87

公称直径/mm	允许偏差/mm			不圆度/mm			横截面积/mm²	理论重量/(kg/m)
	A级精度	B级精度	C级精度	A级精度	B级精度	C级精度		
41							1320	10.36
42							1385	10.88
43							1452	11.40
44							1521	11.94
45	±0.80	±0.50	—	≤1.28	≤0.80	—	1590	12.48
46							1662	13.05
47							1735	13.62
48							1810	14.21
49							1886	14.80
50							1964	15.41
51							2042	16.03
52							2123	16.66
53							2205	17.31
54							2289	17.97
55	±1.00	±0.60	—	≤1.60	≤0.96	—	2375	18.64
56							2462	19.32
57							2550	20.02
58							2641	20.73
59							2733	21.45
60							2826	22.18

注 钢的密度按 7.85g/cm³ 计算。

7.2.25 工字钢、槽钢尺寸、外形允许偏差

表 7－25　　　　　工字钢、槽钢尺寸、外形允许偏差　　　　　（单位：mm）

	高度	允许偏差	图　示
高度（h）	<100	±1.5	
	100～200	±2.0	
	200～400	±3.0	
	≥400	±4.0	
腿宽度（b）	<100	±1.5	
	100～150	±2.0	
	150～200	±2.5	
	200～300	±3.0	
	300～400	±3.5	
	≥400	±4.0	
腰厚度（d）	<100	±0.4	
	100～200	±0.5	
	200～300	±0.7	
	300～400	±0.8	
	≥400	±0.9	

弯腰挠度（W）	$W \leqslant 0.15d$	
外缘斜度（T）	$T \leqslant 1.5\%b$ $2T \leqslant 2.5\%b$	
弯曲度	工字钢	每米弯曲度≤2mm 总弯曲度≤总长度 的 0.20%
	槽钢	每米弯曲度≤3mm 总弯曲度≤总长度 的 0.30%

（适用于上下、左右大弯曲）

7.2.26 角钢尺寸、外形允许偏差

表 7-26　　　　　　　　　角钢尺寸、外形允许偏差　　　　　　　（单位：mm）

项　目		允　许　偏　差		图　示
		等边角钢	不等边角钢	
边宽度 （B，b）	边宽度①≤56	±0.8	±0.8	
	56～90	±1.2	±1.5	
	90～140	±1.8	±2.0	
	140～200	±2.5	±2.5	
	>200	±3.5	±3.5	
边厚度 （d）	边宽度①≤56	±0.4		
	56～90	±0.6		
	90～140	±0.7		
	140～200	±1.0		
	>200	±1.4		

项　目	允　许　偏　差		图　　示
	等边角钢	不等边角钢	
顶端直角	$\alpha \leqslant 50'$		
弯曲度	每米弯曲度≤3mm 总弯曲度≤总长度的0.30%		适用于上下、左右大弯曲

注　①不等边角钢按长边宽度 B 取值。

7.2.27　L型钢尺寸、外形允许偏差

表 7 - 27　　　　　　　　　　　L 型钢尺寸、外形允许偏差　　　　　　　　　（单位：mm）

项　目			允许偏差	图　示
边宽度（B，b）			±4.0	
边厚度	长边厚度（D）		+1.6 −0.4	
	短边厚度（d）	≤20	+2.0 −0.4	
		>20	+2.0 −0.5	
		>30	+2.5 −0.6	
垂直度（T）			$T \leqslant 2.5\%b$	
长边平直度（W）			$W \leqslant 0.15D$	
弯曲度			每米弯曲度≤3mm 总弯曲度≤总长度的0.30%	适用于上下、左右大弯曲

8

多层和高层钢结构房屋抗震设计

8.1 公式速查

8.1.1 竖向框排架厂房的地震作用计算

楼层有贮仓和支承重心较高的设备时，支承构件和连接应计料斗、贮仓和设备水平地震作用产生的附加弯矩。该水平地震作用可按下式计算：

$$F_s = \alpha_{\max}(1.0 + H_x/H_n)G_{eq}$$

式中　F_s——设备或料斗重心处的水平地震作用标准值；

　　$\alpha_{\max}$——水平地震影响系数最大值；

　　G_{eq}——设备或料斗的重力荷载代表值；

　　H_x——设备或料斗重心至室外地坪的距离；

　　H_n——厂房高度。

8.1.2 框排架厂房的抗震验算

框排架厂房的抗震验算，尚应符合下列要求：

1) 8度Ⅲ、Ⅳ类场地和9度时，框排架结构的排架柱及伸出框架跨屋顶支承排架跨屋盖的单柱，应进行弹塑性变形验算，弹塑性位移角限值可取 1/30。

2) 当一、二级框架梁柱节点两侧梁截面高度差大于较高梁截面高度的 25% 或 500mm 时，尚应按下式验算节点下柱抗震受剪承载力：

$$\frac{\eta_{jb}M_{b1}}{h_{01} - a_s'} - V_{col} \leqslant V_{RE}$$

式中　η_{jb}——节点剪力增大系数，一级取 1.35，二级取 1.2；

　　M_{b1}——较高梁端梁底组合弯矩设计值；

　　h_{01}——较高梁截面的有效高度；

　　a_s'——较高梁端梁底受拉时，受压钢筋合力点至受压边缘的距离；

　　V_{col}——节点下柱计算剪力设计值；

　　V_{RE}——节点下柱抗震受剪承载力设计值。

9度及一级时可不符合上式，但应符合：

$$\frac{1.15M_{b1ua}}{h_{01} - a_s'} - V_{col} \leqslant V_{RE}$$

式中　M_{b1ua}——较高梁端实配梁底正截面抗震受弯承载力所对应的弯矩值，根据实配钢筋面积（计入受压钢筋）和材料强度标准值确定；

　　h_{01}——较高梁截面的有效高度；

　　a_s'——较高梁端梁底受拉时，受压钢筋合力点至受压边缘的距离；

　　V_{col}——节点下柱计算剪力设计值；

　　V_{RE}——节点下柱抗震受剪承载力设计值。

8.1.3 钢框架节点处的抗震承载力验算

钢框架节点处的抗震承载力验算，应符合下列规定：

1）节点左右梁端和上下柱端的全塑性承载力，除下列情况之一外，应符合下式要求：

①柱所在楼层的受剪承载力比相邻上一层的受剪承载力高出 25%。

②柱轴压比不超过 0.4，或 $N_2 \leqslant \varphi A_c f$（$N_2$ 为 2 倍地震作用下的组合轴力设计值）。

③与支撑斜杆相连的节点。

等截面梁

$$\sum W_{pc}(f_{yc} - N/A_c) \geqslant \eta \sum W_{pb} f_{yb}$$

式中　W_{pc}、W_{pb}——交汇于节点的柱和梁的塑性截面模量；

　　　　f_{yc}、f_{yb}——柱和梁的钢材屈服强度；

　　　　　　　N——地震组合的柱轴力；

　　　　　　　A_c——框架柱的截面面积；

　　　　　　　η——强柱系数，一级取 1.15，二级取 1.10，三级取 1.05。

端部翼缘变截面的梁

$$\sum W_{pc}(f_{yc} - N/A_c) \geqslant \sum (\eta W_{pb1} f_{yb} + V_{pb} s)$$

式中　W_{pc}——交汇于节点的柱的塑性截面模量；

　　　W_{pb1}——梁塑性铰所在截面的梁塑性截面模量；

　f_{yc}、f_{yb}——柱和梁的钢材屈服强度；

　　　　N——地震组合的柱轴力；

　　　　A_c——框架柱的截面面积；

　　　　η——强柱系数，一级取 1.15，二级取 1.10，三级取 1.05；

　　　V_{pb}——梁塑性铰剪力；

　　　　s——塑性铰至柱面的距离，塑性铰可取梁端部变截面翼缘的最小处。

2）节点域的屈服承载力应符合下列要求：

$$\psi(M_{pb1} + M_{pb2})/V_p \leqslant (4/3) f_{yv}$$

式中　M_{pb1}、M_{pb2}——节点域两侧梁的全塑性受弯承载力；

　　　　　ψ——折减系数；三、四级取 0.6，一、二级取 0.7；

　　　　f_{yv}——钢材的屈服抗剪强度，取钢材屈服强度的 0.58 倍；

　　　　V_p——节点域的体积，$\begin{cases} \blacktriangle 工字形截面柱 \\ \blacksquare 箱形截面柱 \\ \bigstar 圆管截面柱 \end{cases}$

▲　工字形截面柱

$$V_p = h_{b1} h_{c1} t_w$$

式中　h_{b1}、h_{c1}——梁翼缘厚度中点间的距离和柱翼缘（或钢管直径线上管壁）厚度中点间的距离；

　　　　t_w——柱在节点域的腹板厚度。

■　箱形截面柱

$$V_p = 1.8 h_{b1} h_{c1} t_w$$

式中　h_{b1}、h_{c1}——梁翼缘厚度中点间的距离和柱翼缘（或钢管直径线上管壁）厚度中点间的距离；

　　　　t_w——柱在节点域的腹板厚度。

★　圆管截面柱

$$V_p = (\pi/2) b_{b1} h_{c1} t_w$$

式中　h_{b1}、h_{c1}——梁翼缘厚度中点间的距离和柱翼缘（或钢管直径线上管壁）厚度中点间的距离；

　　　　t_w——柱在节点域的腹板厚度。

　　3）工字形截面柱和箱形截面柱的节点域应按下列公式验算：

$$t_w \geqslant (h_b + h_c)/90$$

$$(M_{b1} + M_{b2})/V_p \leqslant (4/3) f_v / \gamma_{RE}$$

式中　V_p——节点域的体积；

　　　　f_v——钢材的抗剪强度设计值；

　　　　f_{yv}——钢材的屈服抗剪强度，取钢材屈服强度的 0.58 倍；

　　h_b、h_c——梁腹板和柱腹板的高度；

　　　　t_w——柱在节点域的腹板厚度；

M_{b1}、M_{b2}——节点域两侧梁的弯矩设计值；

　　　γ_{RE}——节点域承载力抗震调整系数，取 0.75。

8.1.4　支撑斜杆的受压承载力计算

　　支撑斜杆的受压承载力应按下式验算：

$$N/(\varphi A_{br}) \leqslant \psi f / \gamma_{RE}$$

$$\psi = 1/(1 + 0.35 \lambda_n)$$

$$\lambda_n = (\lambda/\pi) \sqrt{f_{ay}/E}$$

式中　N——支撑斜杆的轴向力设计值；

　　　A_{br}——支撑斜杆的截面面积；

　　　　φ——轴心受压构件的稳定系数；

　　　　ψ——受循环荷载时的强度降低系数；

　λ、λ_n——支撑斜杆的长细比和正则化长细比；

　　　　E——支撑斜杆钢材的弹性模量；

　f、f_{ay}——钢材强度设计值和屈服强度；

γ_{RE}——支撑稳定破坏承载力抗震调整系数。

8.1.5 消能梁段的受剪承载力计算

消能梁段的受剪承载力应符合下列要求：

当 $N \leqslant 0.15Af$ 时

$$V \leqslant \phi V_l / \gamma_{RE}$$

$$V_l = 0.58 A_w f_{ay} \text{ 或 } V_l = 2M_{lp}/a, \text{取较小值}$$

$$A_w = (h - 2t_f)t_w$$

$$M_{lp} = fW_p$$

式中　V——消能梁段的剪力设计值；

　　　V_l——梁段受剪承载力；

　　　M_{lp}——消能梁段的全塑性受弯承载力；

　　　A_w——消能梁段的腹板截面面积；

　　　W_p——消能梁段的塑性截面模量；

　　a、h——消能梁段的净长和截面高度；

　　t_w、t_f——消能梁段的腹板厚度和翼缘厚度；

　　f、f_{ay}——消能梁段钢材的抗压强度设计值和屈服强度；

　　　ϕ——系数，可取 0.9；

　　　γ_{RE}——消能梁段承载力抗震调整系数，取 0.75。

当 $N > 0.15Af$ 时

$$V \leqslant \phi V_{lc} / \gamma_{RE}$$

$$V_{lc} = 0.58 A_w f_{ay} \sqrt{1 - [N/(Af)]^2}$$

$$\text{或 } V_{lc} = 2.4 M_{lp}[1 - N/(Af)]/a, \text{取较小值}$$

式中　N、V——消能梁段的轴力设计值和剪力设计值；

　　V_1、V_{lc}——梁段受剪承载力和计入轴力影响的受剪承载力；

　　　M_{lp}——消能梁段的全塑性受弯承载力；

　　A、A_w——消能梁段的截面面积和腹板截面面积；

　　　a——消能梁段的净长；

　　f、f_{ay}——消能梁段钢材的抗压强度设计值和屈服强度；

　　　ϕ——系数，可取 0.9；

　　　γ_{RE}——消能梁段承载力抗震调整系数，取 0.75。

8.1.6 梁与柱刚性连接的极限承载力计算

梁与柱刚性连接的极限承载力，应按下列公式验算：

$$M_u^j \geqslant \eta_j M_p$$

$$V_u^j \geqslant 1.2(2M_p/l_n) + V_{Gb}$$

式中　M_p——梁的塑性受弯承载力；

　　　V_{Gb}——梁在重力荷载代表值（9 度时高层建筑尚应包括竖向地震作用标准值）作用下，按简支梁分析的梁端截面剪力设计值；

　　　l_n——梁的净跨；

　M_u^j、V_u^j——连接的极限受弯、受剪承载力；

　　　η_j——连接系数，可按表 8－4 采用。

8.1.7　支撑连接和拼接极限受压承载力计算

支撑连接和拼接极限受压承载力，应按下列公式验算：

$$N_{ubr}^j \geqslant \eta_j A_{br} f_v$$

式中　N_{ubr}^j——支撑连接和拼接的极限受压承载力；

　　　A_{br}——支撑杆件的截面面积；

　　　f_v——钢材的抗剪强度设计值；

　　　η_j——连接系数，可按表 8－4 采用。

8.1.8　梁拼接极限受弯承载力计算

梁的拼接极限受弯承载力，应按下列公式验算：

$$M_{ub,sp}^j \geqslant \eta_j M_p$$

式中　$M_{ub,sp}^j$——梁拼接的极限受弯承载力；

　　　M_p——梁的塑性受弯承载力；

　　　η_j——连接系数，可按表 8－4 采用。

8.1.9　柱拼接极限受弯承载力计算

柱的拼接极限受弯承载力，应按下列公式验算：

$$M_{uc,sp}^j \geqslant \eta_j M_{pc}$$

式中　$M_{uc,sp}^j$——柱拼接的极限受弯承载力；

　　　M_{pc}——考虑轴力影响时柱的塑性受弯承载力；

　　　η_j——连接系数，可按表 8－4 采用。

8.1.10　柱脚与基础的连接极限受弯承载力计算

柱脚与基础的连接极限承载力，应按下列公式验算：

$$M_{u,base}^j \geqslant \eta_j M_{pc}$$

式中　$M_{u,base}^j$——柱脚的极限受弯承载力。

　　　M_{pc}——考虑轴力影响时柱的塑性受弯承载力；

　　　η_j——连接系数，可按表 8－4 采用。

8.1.11　消能梁段的长度计算

当 $N > 0.16Af$ 时，消能梁段的长度应符合下列规定：

当 $\rho(A_w/A) < 0.3$ 时

$$a < 1.6M_{lp}/V_l$$

式中 a——消能梁段的长度;

M_{lp}——消能梁段的全塑性受弯承载力;

A、A_w——消能梁段的截面面积和腹板截面面积;

V_1——梁段受剪承载力;

ρ——消能梁段轴向力设计值与剪力设计值之比。

当 $\rho(A_w/A) \geqslant 0.3$ 时

$$a \leqslant [1.15 - 0.5\rho(A_w/A)]1.6M_{lp}/V_1$$

$$\rho = N/V$$

式中 a——消能梁段的长度;

M_{lp}——消能梁段的全塑性受弯承载力;

A、A_w——消能梁段的截面面积和腹板截面面积;

V_1——梁段受剪承载力;

N、V——消能梁段的轴力设计值和剪力设计值;

ρ——消能梁段轴向力设计值与剪力设计值之比。

8.2 数据速查

8.2.1 钢结构房屋适用的最大高度

表 8-1 　　　　　　　　　钢结构房屋适用的最大高度　　　　　　　（单位：m）

结　构　类　型	抗　震　烈　度				
	6、7度 (0.10g)	7度 (0.15g)	8度		9度 (0.40g)
			(0.20g)	(0.30g)	
框架	110	90	90	70	50
框架-中心支撑	220	200	180	150	120
框架-偏心支撑（延性墙板）	240	220	200	180	160
筒体（框筒，筒中筒，桁架筒，束筒）和巨型框架	300	280	260	240	180

注　1. 房屋高度指室外地面到主要屋面板板顶的高度（不包括局部突出屋顶部分）。

　　2. 超过表内高度的房屋，应进行专门研究和论证，采取有效的加强措施。

　　3. 表内的筒体不包括混凝土筒。

8.2.2 钢结构民用房屋适用的最大高宽比

表 8-2 　　　　　　　　　钢结构民用房屋适用的最大高宽比

抗震烈度	6、7	8	9
最大高宽比	6.5	6.0	5.5

注　塔形建筑的底部有大底盘时，高宽比可按大底盘以上计算。

8.2.3　钢结构房屋的抗震等级

表 8-3　　　　　　　　　　　钢结构房屋的抗震等级

房屋高度	抗 震 烈 度			
	6	7	8	9
≤50m	—	四	三	二
>50m	四	三	二	一

注　1. 高度接近或等于高度分界时，应允许结合房屋不规则程度和场地、地基条件确定抗震等级。

　　2. 一般情况，构件的抗震等级应与结构相同；当某个部位各构件的承载力均满足 2 倍地震作用组合下的内力要求时，7～9 度的构件抗震等级应允许按降低一度确定。

8.2.4　钢结构抗震设计的连接系数

表 8-4　　　　　　　　　　钢结构抗震设计的连接系数

母材牌号	梁柱连接		支撑连接，构件拼接		柱　脚	
	焊接	螺栓连接	焊接	螺栓连接		
Q235	1.40	1.45	1.25	1.30	埋入式	1.2
Q345	1.30	1.35	1.20	1.25	外包式	1.2
Q345GJ	1.25	1.30	1.15	1.20	外露式	1.1

注　1. 屈服强度高于 Q345 的钢材，按 Q345 的规定采用。

　　2. 屈服强度高于 Q345GJ 的 GJ 材，按 Q345GJ 的规定采用。

　　3. 翼缘焊接腹板栓接时，连接系数分别按表中连接形式取用。

8.2.5　框架梁、柱板件宽厚比限值

表 8-5　　　　　　　　　　框架梁、柱板件宽厚比限值

板 件 名 称		一级	二级	三级	四级
柱	工字形截面翼缘外伸部分	10	11	12	13
	工字形截面腹板	43	45	48	52
	箱形截面壁板	33	36	38	40
梁	工字形截面和箱形截面翼缘外伸部分	9	9	10	11
	箱形截面翼缘在两腹板之间部分	30	30	32	36
	工字形截面和箱形截面腹板	$72-120N_b/(A_f)$ $\leqslant 60$	$72-100N_b/(A_f)$ $\leqslant 65$	$80-110N_b/(A_f)$ $\leqslant 70$	$85-120N_b/(A_f)$ $\leqslant 75$

注　1. 表列数值适用于 Q235 钢，采用其他牌号钢材时，应乘以 $\sqrt{235/f_{ay}}$。

　　2. $N_b/(A_f)$ 为梁轴压比。

8.2.6 钢结构中心支撑板件宽厚比限值

表 8-6　　　　　　　　　钢结构中心支撑板件宽厚比限值

板件名称	一级	二级	三级	四级
翼缘外伸部分	8	9	10	13
工字形截面腹板	25	26	27	33
箱形截面壁板	18	20	25	30
圆管外径与壁厚比	38	40	40	42

注　表列数值适用于 Q235 钢，采用其他牌号钢材应乘以 $\sqrt{235/f_{ay}}$，圆管应乘以 $235/f_{ay}$。

8.2.7 偏心支撑框架梁的板件宽厚比限值

表 8-7　　　　　　　　偏心支撑框架梁的板件宽厚比限值

板件名称		宽厚比限值
翼缘外伸部分		8
腹板	当 $N/(Af) \leqslant 0.14$ 时	$90[1-1.65N/(Af)]$
	当 $N/(Af) > 0.14$ 时	$33[2.3-N/(Af)]$

注　表列数值适用于 Q235 钢，当材料为其他钢号时应乘以 $\sqrt{235/f_{ay}}$，$N/(Af)$ 为梁轴压比。

主要参考文献

[1] 中国建筑科学研究院. GB 50009—2012 建筑结构荷载规范 [S]. 北京：中国建筑工业出版社，2012.

[2] 中国建筑科学研究院. GB 50011—2010 建筑抗震设计规范 [S]. 北京：中国建筑工业出版社，2010.

[3] 北京钢铁设计研究总院. GB 50017—2003 钢结构设计规范 [S]. 北京：中国建筑工业出版社，2003.

[4] 中南建筑设计院. GB 50018—2002 冷弯薄壁型钢结构技术规范 [S]. 北京：中国计划出版社，2002.

[5] 中国建筑技术研究院. JGJ 99—1998 高层民用建筑钢结构技术规程 [S]. 北京：中国建筑工业出版社，1998.

[6] 段红霞. 钢结构简易计算 [M]. 北京：机械工业出版社，2008.

图书在版编目（CIP）数据

钢结构常用公式与数据速查手册/ 李守巨主编 . --北京：知识产权出版社，2015.1
（建筑工程常用公式与数据速查手册系列丛书）
ISBN 978 - 7 - 5130 - 3058 - 8

Ⅰ. ①钢…　Ⅱ. ①李…　Ⅲ. 钢结构—技术手册　Ⅳ. ①TU391 - 62

中国版本图书馆 CIP 数据核字（2014）第 229669 号

责任编辑：刘　爽　祝元志	责任校对：谷　洋
封面设计：杨晓霞	责任出版：刘译文

钢结构常用公式与数据速查手册

李守巨　主编

出版发行：知识产权出版社 有限责任公司	网　　址：http：//www.ipph.cn
社　　址：北京市海淀区马甸南村 1 号	邮　　编：100088
责编电话：010 - 82000860 转 8125	责编邮箱：liushuang@cnipr.com
发行电话：010 - 82000860 转 8101/8102	发行传真：010 - 82005070/82000893
印　　刷：保定市中画美凯印刷有限公司	经　　销：各大网上书店、新华书店及相关销售网点
开　　本：787mm×1092mm　1/16	印　　张：12
版　　次：2015 年 1 月第 1 版	印　　次：2015 年 1 月第 1 次印刷
字　　数：240 千字	定　　价：38.00 元

ISBN 978-7-5130-3058-8

建筑工程常用公式与数据速查手册系列丛书